AutoCAD 2016
基础培训教程

麓山文化 / 编著

人民邮电出版社

北京

图书在版编目（CIP）数据

AutoCAD 2016基础培训教程 / 麓山文化编著. -- 北京 : 人民邮电出版社, 2021.11
ISBN 978-7-115-54843-6

Ⅰ. ①A… Ⅱ. ①麓… Ⅲ. ①AutoCAD软件－教材
Ⅳ. ①TP391.72

中国版本图书馆CIP数据核字(2021)第058058号

内 容 提 要

本书全面系统地介绍了 AutoCAD 2016 的基本操作方法，包括 AutoCAD 2016 的基础知识与界面、辅助绘图工具、图形的绘制与编辑、图形标注的创建、文字与表格、图层与图形特性、图块与外部参照、图形的打印和参数化制图等内容。

本书内容以课堂案例为主线，通过对各案例的实际操作，读者可以快速上手，熟悉软件功能和绘图思路。书中的软件功能解析部分可帮助读者深入学习软件功能；课堂练习和课后习题可以提高读者的实际应用能力，掌握使用技巧。

随书提供学习资源，包括书中案例的素材文件、结果文件及教学视频，方便读者进行学习。另外，附赠PPT 教学课件，教学教案、大纲，以及课堂练习及课后习题的操作讲解文件等教师资源，供教师教学使用。

本书适合作为高等院校和培训机构辅助设计专业课程的教材，也可以作为 AutoCAD 2016 自学人员的参考用书。

◆ 编　著　麓山文化
　　责任编辑　张丹阳
　　责任印制　马振武

◆ 人民邮电出版社出版发行　　北京市丰台区成寿寺路 11 号
　　邮编　100164　电子邮件　315@ptpress.com.cn
　　网址　https://www.ptpress.com.cn
　　北京市艺辉印刷有限公司印刷

◆ 开本：787×1092　1/16
　　印张：16.5
　　字数：451 千字　　　　　　　2021 年 11 月第 1 版
　　印数：1 – 2 200 册　　　　　　2021 年 11 月北京第 1 次印刷

定价：59.90 元

读者服务热线：(010)81055410　印装质量热线：(010)81055316
反盗版热线：(010)81055315
广告经营许可证：京东市监广登字 20170147 号

前　言

　　AutoCAD 是美国 Autodesk 公司开发的一款绘图软件，是目前使用率较高的辅助设计软件之一，被广泛应用于建筑、机械、电子、服装、化工及室内装潢等工程设计领域。它可以帮助用户更轻松地实现数据设计、图形绘制等多项功能，提高设计人员的工作效率，成为广大工程技术人员常用的工具之一。

　　本书在编写时进行了精心的设计，按照"课堂案例——软件功能解析——课堂练习——课后习题"思路进行编排（除第 1 章外），通过课堂案例演练使读者快速熟悉软件功能和工程图设计思路，通过软件功能解析使读者深入学习软件功能，通过课堂练习和课后习题拓展读者的实际应用能力。本书在内容编写方面，力求细致全面、重点突出；在文字叙述方面，通俗易懂、言简意赅；在案例选取方面，则强调案例的针对性和实用性。

　　本书配套资源包括所有案例的素材及效果文件。另外，为了方便教学，本书为课堂练习和课后习题配备了详细的操作步骤，以及 PPT 教学课件、教学规划参考、教学大纲等丰富的教学资源，老师可以直接使用。扫描资源与支持页中的二维码，关注"数艺设"公众号，即可得到资源获取方式。本书的参考学时为 38 学时，其中实训环节为 19 学时，各章的参考学时见下面的学时分配表。

章　节	课　程　内　容	学 时 分 配	
		讲　授	实　训
第 1 章	AutoCAD 2016 入门	1	
第 2 章	辅助绘图工具	1	1
第 3 章	图形的绘制	3	3
第 4 章	图形的编辑	3	3
第 5 章	创建图形标注	2	2
第 6 章	文字与表格	2	2
第 7 章	图层与图形特性	1	2
第 8 章	图块与外部参照	3	2
第 9 章	图形的打印	1	2
第 10 章	参数化制图	2	2

　　由于编者水平有限，书中难免存在疏漏与不妥之处。感谢您选择本书，同时也希望您能够把对本书的意见和建议告诉我们。

编者

2021 年 3 月

资源与支持

本书由"数艺设"出品，"数艺设"社区平台（www.shuyishe.com）为您提供后续服务。

学习资源

书中案例的素材文件和结果文件

教学视频（在线观看）

教师专享资源

PPT 教学课件

教学教案、大纲

课堂练习及课后习题的操作讲解文件

资源获取请扫码

"数艺设"社区平台，为艺术设计从业者提供专业的教育产品。

与我们联系

我们的联系邮箱是 szys@ptpress.com.cn。如果您对本书有任何疑问或建议，请您发邮件给我们，并请在邮件标题中注明本书书名及 ISBN，以便我们更高效地做出反馈。

如果您有兴趣出版图书、录制教学课程，或者参与技术审校等工作，可以发邮件给我们。如果学校、培训机构或企业想批量购买本书或"数艺设"出版的其他图书，也可以发邮件联系我们。

如果您在网上发现针对"数艺设"出品图书的各种形式的盗版行为，包括对图书全部或部分内容的非授权传播，请您将怀疑有侵权行为的链接通过邮件发给我们。您的这一举动是对作者权益的保护，也是我们持续为您提供有价值的内容的动力之源。

关于"数艺设"

人民邮电出版社有限公司旗下品牌"数艺设"，专注于专业艺术设计类图书出版，为艺术设计从业者提供专业的图书、视频电子书、课程等教育产品。出版领域涉及平面、三维、影视、摄影与后期等数字艺术门类，字体设计、品牌设计、色彩设计等设计理论与应用门类，UI 设计、电商设计、新媒体设计、游戏设计、交互设计、原型设计等互联网设计门类，环艺设计手绘、插画设计手绘、工业设计手绘等设计手绘门类。更多服务请访问"数艺设"社区平台 www.shuyishe.com。我们将提供及时、准确、专业的学习服务。

目　录

第1章　AutoCAD 2016 入门

本章介绍

　本章主要介绍 AutoCAD 2016 的基础知识，使读者了解 AutoCAD 2016 的使用方法。

课堂学习目标

- 认识 AutoCAD 2016 的操作界面
- 了解 AutoCAD 2016 的操作方法
- 掌握 AutoCAD 2016 的视图操作

1.1 什么是 AutoCAD

AutoCAD（Autodesk Computer Aided Design）是美国 Autodesk 公司于 1982 年推出的计算机辅助设计软件，用于二维绘图和三维设计，如图 1-1 所示。

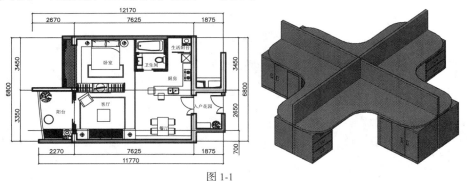

图 1-1

AutoCAD 广泛应用于土木工程、园林工程、环境艺术、数控加工、机械、建筑、测绘、电气自动化等领域。DWG 文件格式为该软件二维绘图的标准格式。

1.2 AutoCAD 2016 的启动与退出

要使用 AutoCAD 2016 进行绘图，首先必须启动该软件。在完成绘制之后，应保存文件并退出，以节省系统资源。

1. 启动 AutoCAD 2016

安装 AutoCAD 2016 后，启动 AutoCAD 2016 的方法有以下几种。

- "开始"菜单：单击"开始"按钮，在菜单中执行"所有程序"|"Autodesk"|"AutoCAD 2016- 简体中文（Simplified Chinese）"|"AutoCAD 2016- 简体中文（Simplified Chinese）"命令，如图 1-2 所示。
- 与 AutoCAD 相关联的格式文件：双击打开与 AutoCAD 相关联的格式文件（DWG、DWT 等格式文件），如图 1-3 所示。
- 快捷方式：双击桌面上的快捷方式图标 。

图 1-2   图 1-3

AutoCAD 2016 启动后的"开始"界面如图 1-4 所示，主要由"快速入门""最近使用的文档""连接" 3 个区域组成。

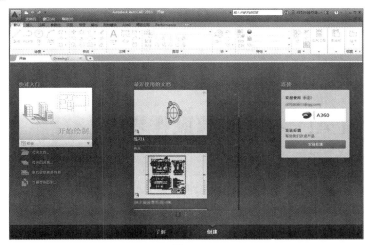

图 1-4

- 快速入门：在其中的"开始绘制"区域单击即可创建新的空白文档，也可以单击"样板"下拉按钮，选择合适的样板文件创建文档。
- 最近使用的文档：该区域主要显示用户最近使用过的文档，相当于"历史记录"。
- 连接：在"连接"区域中，用户可以登录 A360 账户或向 AutoCAD 技术中心发送反馈。
如果有产品更新的消息，将显示"通知"区域。

2. 退出 AutoCAD 2016

在完成图形的绘制和编辑后，退出 AutoCAD 2016 有以下几种方法。
- "应用程序"按钮：单击"应用程序"按钮 ▲，选择"关闭"选项，如图 1-5 所示。
- 菜单栏：执行"文件"|"退出"命令，如图 1-6 所示。

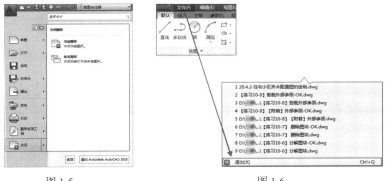

图 1-5   图 1-6

- 标题栏：单击标题栏右端的"关闭"按钮 ■，如图 1-7 所示。
- 快捷键：Alt+F4 或 Ctrl+Q。
- 命令行：QUIT 或 EXIT，如图 1-8 所示。在命令行中输入的字符不分大小写。
若在退出 AutoCAD 2016 之前未保存文件，系统会弹出图 1-9 所示的提示对话框，询问在退出软件之前是否保存当前绘图文件。单击"是"按钮，可以保存文件；单击"否"按钮，将不对之前的操作进行保存并退出软件；单击"取消"按钮，将返回操作界面，不执行退出软件的操作。

图 1-7　　　　　　　　　　　图 1-8　　　　　　　　　　　图 1-9

1.3　AutoCAD 2016 的操作界面

AutoCAD 的操作界面是 AutoCAD 中显示、编辑图形的区域。AutoCAD 2016 的操作界面具有很强的灵活性，用户可以根据专业领域和绘图习惯，设置适合自己的操作界面。

1.3.1　AutoCAD 2016 的操作界面简介

AutoCAD 2016 的默认界面为"草图与注释"工作空间。关于"草图与注释"工作空间，1.6节有详细介绍，此处仅简单介绍界面中的主要元素。该界面包括"应用程序"按钮、快速访问工具栏、菜单栏、标题栏、交互信息工具栏、功能区、标签栏、绘图区、命令窗口、坐标系、状态栏及文本窗口等，如图 1-10 所示。

图 1-10

1.3.2　"应用程序"按钮

"应用程序"按钮 位于窗口的左上角。单击该按钮，系统将弹出用于管理 AutoCAD 图形文件的菜单，包含"新建""打开""保存""另存为""输出""打印"等命令，右侧区域则是"最近使用的文档"列表，如图 1-11 所示。

此外，在"搜索命令"文本框中输入命令名称，会显示与之相关的各种命令的列表，选择其中的选项即可执行对应命令，如图 1-12 所示。

图 1-11　　　　　　　　　　图 1-12

1.3.3　快速访问工具栏

快速访问工具栏位于标题栏的左侧，它包含了文档操作常用的 7 个快捷按钮，依次为"新建""打开""保存""另存为""打印""放弃""重做"，如图 1-13 所示。

图 1-13

为快速访问工具栏增加或删除所需的工具按钮有以下几种方法。

- 单击快速访问工具栏右端的下拉按钮，在下拉菜单中选择"更多命令"选项，在弹出的"自定义用户界面"对话框中选择要添加的命令，然后按住鼠标左键将其拖动至快速访问工具栏上。
- 在功能区的任意工具按钮上右击，选择其中的"添加到快速访问工具栏"选项。
- 如果要删除已经存在的快捷工具按钮，只需要在该按钮上右击，然后选择"从快速访问工具栏中删除"选项，即可完成删除按钮操作。

1.3.4　菜单栏

与之前版本的 AutoCAD 不同，在 AutoCAD 2016 中，菜单栏在任何工作空间都默认不显示。只有单击快速访问工具栏右端的下拉按钮，在下拉菜单中选择"显示菜单栏"选项，菜单栏才会显示出来，如图 1-14 所示。

菜单栏位于标题栏的下方，包括 12 个菜单，依次为"文件""编辑""视图""插入""格式""工具""绘图""标注""修改""参数""窗口""帮助"，几乎包含了所有绘图命令和编辑命令，如图 1-15 所示。

图 1-14

图 1-15

这 12 个菜单的主要作用如下。

- **文件**：用于管理图形文件，如新建、打开、保存、另存为、输出、打印和发布等。
- **编辑**：用于对图形文件进行常规编辑，如剪切、复制、粘贴、删除、链接和查找等。
- **视图**：用于管理 AutoCAD 的视图，如缩放、平移、动态观察、相机、视口、三维视图、消隐和渲染等。
- **插入**：用于在当前绘图状态下，插入所需的图块或其他格式的文件，如 PDF 参考底图、字段等。
- **格式**：用于设置与绘图环境有关的参数，如图层、颜色、线型、线宽、文字样式、标注样式、表格样式、点样式、厚度和图形界限等。
- **工具**：用于设置一些绘图的辅助工具，如选项板、工具栏、命令行、查询和向导等。
- **绘图**：提供绘制二维图形和三维模型的所有命令，如直线、圆、矩形、正多边形、圆环、边界和面域等。
- **标注**：提供对图形进行尺寸标注时所需的命令，如线性标注、半径标注、直径标注和角度标注等。
- **修改**：提供修改图形时所需的命令，如删除、复制、镜像、偏移、阵列、修剪、倒角和圆角等。
- **参数**：提供对图形约束时所需的命令，如几何约束、动态标注、标注约束和删除约束等。
- **窗口**：用于在多文档状态时设置各个文档窗口的排布方式，如层叠、水平平铺和垂直平铺等。
- **帮助**：提供使用 AutoCAD 2016 所需的帮助信息。

1.3.5　标题栏

标题栏位于 AutoCAD 2016 窗口的顶部，如图 1-16 所示，标题栏显示了软件名称，以及当前新建或打开的文件的名称等。标题栏右端提供了用于控制窗口显示的"最小化"按钮 ▬、"最大化"按钮 ▣、"恢复窗口大小"按钮 ▣ 和"关闭"按钮 ✖。

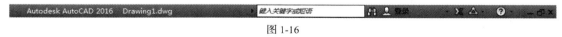

图 1-16

1.3.6　交互信息工具栏

交互信息工具栏主要包括搜索框 ▭、A360 登录栏 ▭、"Autodesk Exchange 应用程序"按钮 ▣、"外部连接"按钮 ▭ 等 4 个部分，具体作用说明如下。

1. 搜索框 `键入关键字或短语` 🔍

如果用户在使用 AutoCAD 的过程中对某个命令不熟悉，可以在搜索框中输入该命令，打开帮助窗口来获得详细的命令信息。

2.A360 登录栏 `登录`

现在具有云技术的应用越来越多，AutoCAD 也十分重视这一新兴的技术，并将其和传统的图形管理有效地连接起来。A360 即基于云的平台，提供从基本编辑到强大的渲染功能等一系列云服务。除此之外，A360 还有一个更为强大的功能，那就是如果将图形文件上传至用户的 A360 账户，用户可在 PC 端和移动端随时随地访问该图纸，实现云共享，如图 1-17 和图 1-18 所示。

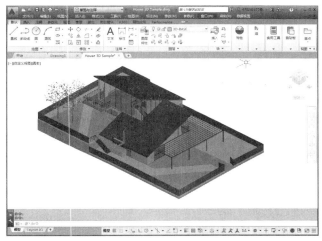
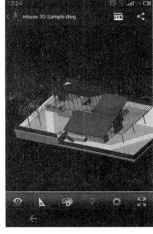

图 1-17   图 1-18

3. "Autodesk Exchange 应用程序" 按钮 🗙

单击 "Autodesk Exchange 应用程序" 按钮🗙可以打开 Autodesk 应用程序网站，在网站中可以下载各类与 AutoCAD 相关的应用程序与插件。

4. "外部连接" 按钮

"外部连接" 按钮的下拉列表中提供了各种快速分享平台，单击即可快速打开各网站并浏览有关信息。

1.3.7 功能区

功能区是各选项卡的合称，它用于显示与绘图任务相关的按钮和控件，存在于"草图与注释""三维基础""三维建模"工作空间中。"草图与注释"工作空间的功能区包含了"默认""插入""注释""参数化""视图""管理""输出""附加模块""A360""精选应用""Performance"等 11 个选项卡，如图 1-19 所示。每个选项卡包含若干个面板，每个面板又包含许多由图形表示的命令按钮。

图 1-19

用户创建或打开图形时，功能区将自动显示。如果没有显示功能区，用户可以执行以下操作来使功能区显示。

菜单栏：执行"工具"|"选项板"|"功能区"命令。

命令行：RIBBON。

若要关闭功能区，则在命令行中输入 RIBBONCLOSE 即可。

1. 切换功能区显示方式

功能区可以水平或垂直的方式显示，也可显示为浮动选项板。另外，功能区可以最小化状态显示，方法是在功能区选项卡右端单击下拉按钮，在弹出的下拉菜单中选择任意一种最小化功能区状态选项。而单击"切换"按钮，则可以在默认和最小化状态之间切换。

- 最小化为选项卡：仅显示选项卡标题，如图 1-20 所示。

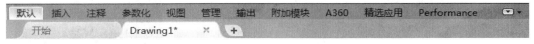

图 1-20

- 最小化为面板标题：仅显示选项卡和面板标题，如图 1-21 所示。

图 1-21

- 最小化为面板按钮：仅显示选项卡标题和面板按钮，如图 1-22 所示。

图 1-22

- 循环浏览所有项：按完整功能区、最小化为面板按钮、最小化为面板标题、最小化为选项卡这 4 种选项顺序切换功能区状态。

2. 自定义选项卡及面板的构成

在面板按钮上右击，弹出显示控制快捷菜单，如图 1-23 与图 1-24 所示。通过该快捷菜单，用户可以分别调整选项卡与面板的显示内容，勾选名称则显示内容，反之则隐藏。

图 1-23   图 1-24

提示

显示面板子菜单会根据不同的选项卡进行变换，其中各项为当前选项卡的所有面板名称。

3. 调整功能区位置

在选项卡名称上右击，将弹出图 1-25 所示的快捷菜单，选择其中的"浮动"选项，可使功能区浮动在绘图区上方，此时按住鼠标左键并拖动功能区左侧灰色边框，可以自由调整其位置。

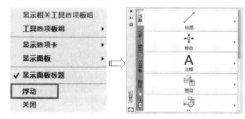

图 1-25

提示

如果选择快捷菜单中的"关闭"选项，则会隐藏功能区，进一步扩大绘图区，如图 1-26 所示。

图 1-26

4. 功能区选项卡的组成

因"草图与注释"工作空间最为常用，下面以该工作空间为例介绍使用较多的 10 个选项卡。

◆ **"默认"选项卡**

"默认"选项卡中从左至右依次为"绘图""修改""注释""图层""块""特性""组""实用工具""剪贴板""视图"功能面板，如图 1-27 所示。"默认"选项卡集中了 AutoCAD 2016 中常用的命令，涵盖绘图、标注、编辑、修改、图层、图块等各个方面，是最主要的选项卡。在功能区选项卡中，有些面板名称旁边有倒三角形按钮，表示有扩展面板，单击该按钮，扩展面板会列出更多的操作命令，图 1-28 所示为"绘图"扩展面板。

图 1-27　　　　　　　　　　　　　　　　　　　　　　　　　　　　　　　　　图 1-28

◆ "插入"选项卡

"插入"选项卡中从左至右依次为"块""块定义""参照""点云""输入""数据""链接和提取""位置""内容"功能面板，如图 1-29 所示。"插入"选项卡主要用于图块、外部参照等外在图形的调用。

图 1-29

◆ "注释"选项卡

"注释"选项卡中从左至右依次为"文字""标注""引线""表格""标记""注释缩放"功能面板，如图 1-30 所示。"注释"选项卡提供了详尽的标注命令，包括引线、公差、云线等。

图 1-30

◆ "参数化"选项卡

"参数化"选项卡中从左至右依次为"几何""标注""管理"功能面板，如图 1-31 所示。"参数化"选项卡主要用于管理图形约束方面的命令。

图 1-31

◆ "视图"选项卡

"视图"选项卡中从左至右依次为"视口工具""视图""模型视口""选项板""界面""导航"功能面板，如图 1-32 所示。"视图"选项卡提供了大量用于控制显示视图的命令，包括 UCS 图标、ViewCube、文件选项卡、布局选项卡等标签的显示与隐藏。

图 1-32

◆ "管理"选项卡

"管理"选项卡中从左至右依次为"动作录制器""自定义设置""应用程序""CAD 标准"功能面板,如图 1-33 所示。"管理"选项卡可以用来加载 AutoCAD 2016 的各种插件与应用程序。

图 1-33

◆ "输出"选项卡

"输出"选项卡从左至右依次为"打印""输出为 DWF/PDF"功能面板,如图 1-34 所示。"输出"选项卡集中了图形输出的相关命令,包含打印、输出 PDF 等。

图 1-34

◆ "附加模块"选项卡

"附加模块"选项卡如图 1-35 所示,在 Autodesk 应用程序网站中下载的各类应用程序和插件都会集中在该选项卡中。

◆ "A360"选项卡

"A360"选项卡如图 1-36 所示,可以将它看作 1.3.6 小节介绍的交互信息工具栏的扩展,主要用于 A360 的文档共享。

图 1-35   图 1-36

◆ "精选应用"选项卡

在 AutoCAD 2016 的"精选应用"选项卡中,提供了许多热门的 AutoCAD 应用插件供用户试用,如图 1-37 所示。这些应用插件种类各异、功能强大,本书无法尽述,读者可自行探索。

图 1-37

1.3.8　标签栏

标签栏位于绘图区上方，每个打开的图形文件都会在标签栏显示一个标签，单击文件标签即可快速切换至相应的图形文件窗口，如图 1-38 所示。

图 1-38

在 AutoCAD 2016 的标签栏中单击标签上的█按钮，可以快速关闭文件；单击标签栏右侧的█按钮，可以快速新建文件；右击标签栏的空白处，会弹出快捷菜单，如图 1-39 所示，利用该快捷菜单可以选择"新建""打开""全部保存"或"全部关闭"选项。

此外，在鼠标指针经过文件标签时，将显示模型的预览图像和布局。如果鼠标指针经过某个预览图像，相应的模型或布局将临时显示在绘图区中，并且可以在预览图像中访问"打印"和"发布"工具，如图 1-40 所示。

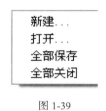

图 1-39

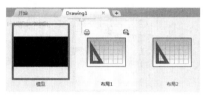

图 1-40

1.3.9　绘图区

"绘图区"又常被称为"绘图窗口"，它是绘图的焦点区域，绘图的核心操作都在该区域进行，绘制的图形都显示在该区域中。绘图区中有 5 个工具，分别是十字光标、坐标系图标、ViewCube 工具、控件组和导航栏，如图 1-41 所示。

图 1-41

其中控件组显示在每个视口的左上角，提供更改视图、视觉样式和其他设置的便捷操作方式，控件组的 3 个标签将显示当前视口的相关设置。通过控件组，用户可以快速地修改图形的视图方向和视觉样式，如图 1-42 所示。

图 1-42

1.3.10　命令窗口与文本窗口

命令窗口是输入命令名和显示命令提示的区域，默认的命令窗口在绘图区底部，如图 1-43 所示。命令窗口中间有一条水平分界线，它将命令窗口分成两个部分："命令行"和"命令历史窗口"。位于水平线下方的为"命令行"，它用于接收用户输入的命令，并显示 AutoCAD 提示信息；位于水平线上方的为"命令历史窗口"，它含有 AutoCAD 启动后所用过的全部命令及提示信息，该窗口有垂直滚动条，可以上下滚动查看以前用过的命令。

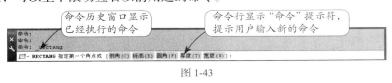

图 1-43

将鼠标指针移至命令历史窗口的上边缘，当鼠标指针呈现 形状时，按住鼠标左键并向上拖动即可增加命令窗口的高度。在工作中通常除了可以调整命令窗口的大小与位置外，在其窗口内右击，选择"选项"选项，单击弹出的"选项"对话框中的"字体"按钮，还可以调整命令行内文字的字体、字形和字号，如图 1-44 所示。

AutoCAD 文本窗口的作用和命令窗口的作用一样，它记录了对文档进行的所有操作。文本窗口在界面中默认不直接显示，需要通过命令调取。调用文本窗口有以下几种方法。

- 菜单栏：执行"视图"|"显示"|"文本窗口"命令。
- 快捷键：Ctrl+F2。
- 命令行：TEXTSCR。

执行上述"文本窗口"命令后，系统弹出图 1-45 所示的文本窗口，记录了文档进行的所有编辑操作。

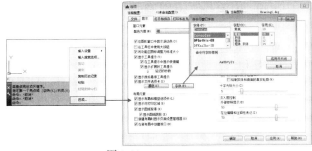

图 1-44

图 1-45

1.3.11 状态栏

状态栏位于应用程序窗口的底部，用来显示当前的状态，如对象捕捉、极轴追踪等命令的工作状态。其主要由 5 个部分组成，如图 1-46 所示。AutoCAD 2016 将之前的模型布局标签栏和状态栏合并在一起。

图 1-46

1. 快速查看工具

使用快速查看工具部分的工具可以快速地预览打开的图形和图形的模型空间与布局，以及切换图形，使之以缩略图的形式显示在应用程序窗口的底部。

2. 坐标值

坐标值一栏会以直角坐标系的形式（X，Y，Z）实时显示十字光标所处位置的坐标。在二维制图模式下只显示 X 轴、Y 轴坐标，只有在三维建模模式下才会显示 Z 轴的坐标。

3. 绘图辅助工具

绘图辅助工具部分主要用于控制绘图的性能，其中包括"推断约束""捕捉模式""栅格显示""正交模式""极轴追踪""对象捕捉""三维对象捕捉""对象捕捉追踪""动态 UCS""动态输入""线宽""透明度""快捷特性""选择循环""注释监视器""模型"等工具。各工具按钮的具体功能说明如表 1-1 所示。

表 1-1　各工具按钮的具体功能说明

名　称	按　钮	功　能　说　明
推断约束		单击该按钮，打开推断约束功能，可设置约束的限制效果，如限制两条直线垂直、相交、共线，以及圆与直线相切等
捕捉模式		单击该按钮，开启或关闭捕捉模式。捕捉模式可以使十字光标很容易地抓取到每一个栅格上的点
栅格显示		单击该按钮，打开栅格显示，此时绘图区将显示网格。其中，栅格的 X 轴和 Y 轴间距可以通过"草图设置"对话框中的"捕捉和栅格"选项卡进行设置
正交模式		该按钮用于开启或关闭正交模式。正交模式中，十字光标只能沿 X 轴或者 Y 轴方向移动，不能画斜线
极轴追踪		该按钮用于开启或关闭极轴追踪模式。在绘制图形时，系统将根据设置显示一条追踪线，可以在追踪线上根据提示精确移动十字光标，从而精确绘图
对象捕捉		该按钮用于开启或关闭对象捕捉。对象捕捉能使十字光标在接近某些特殊点的时候被指引到那些特殊的点，如端点、圆心、象限点等

（续表）

名　称	按　钮	功　能　说　明
三维对象捕捉	（按钮）	该按钮用于开启或关闭三维对象捕捉。对象捕捉能使十字光标在接近三维对象某些特殊点的时候被指引到那些特殊的点
对象捕捉追踪	（按钮）	单击该按钮，打开对象捕捉模式，此时可以捕捉对象上的关键点，沿着正交方向或极轴方向拖动十字光标，以及显示十字光标当前位置与捕捉点之间的相对关系。若找到符合要求的点，直接单击即可
动态 UCS	（按钮）	该按钮用于切换允许或禁止 UCS（用户坐标系）
动态输入	（按钮）	单击该按钮，将在绘制图形时自动显示动态输入文本框，方便绘图时设置精确数值
线宽	（按钮）	单击该按钮，开启线宽显示。在绘图时，如果为图层或所绘图形定义了不同的线宽（大于 0.3 mm），那单击该按钮就可以显示出线宽，以标识各种具有不同线宽的对象
透明度	（按钮）	单击该按钮，开启透明度显示。在绘图时，如果为图层或所绘图形设置了不同的透明度，那单击该按钮就可以显示透明效果，以区别不同的对象
快捷特性	（按钮）	单击该按钮，显示对象的快捷特性选项板。该选项板能帮助用户快捷地编辑对象的一般特性。通过"草图设置"对话框中的"快捷特性"选项卡可以设置快捷特性选项板的位置模式和大小
选择循环	（按钮）	开启该按钮可以在重叠对象上显示选择的对象
注释监视器	（按钮）	开启该按钮后，一旦发生模型文档编辑或更新事件，注释监视器会自动显示
模型	模型	用于转换模型与图纸

4. 注释工具

注释工具部分用于显示缩放注释的若干工具。不同的模型空间和图纸空间，将显示不同的注释工具。当图形状态栏打开时，注释工具将显示在绘图区的底部；当图形状态栏关闭时，注释工具将移至应用程序状态栏。

- 注释比例：可通过此按钮调整注释对象的缩放比例。
- 注释可见性：单击该按钮，可选择仅显示当前比例的注释或是显示所有比例的注释。

5. 工作空间工具

工作空间工具部分用于显示切换 AutoCAD 2016 的工作空间，以及自定义设置工作空间等的工具。

- 切换工作空间：可通过此按钮切换 AutoCAD 2016 的工作空间。
- 硬件加速：用于在绘制图形时通过硬件的支持提高绘图性能，如提高刷新频率。
- 隔离对象：在需要对大型图形的个别区域进行重点操作，并需要显示或临时隐藏选定的对象时会用到该工具。
- 全屏显示：单击该按钮即可控制 AutoCAD 2016 的全屏显示或者退出全屏显示。
- 自定义：单击该按钮，可以对当前状态栏中的按钮进行添加或删除操作，方便管理。

1.4 AutoCAD 2016 执行命令的方式

命令是用户与软件交换信息的重要方式，本节将介绍 AutoCAD 2016 执行命令的方式，如终止当前命令、退出命令及重复执行命令等。

1.4.1 执行命令的 5 种方式

AutoCAD 2016 中执行命令的方式有很多种，这里介绍最常用的 5 种。本书在后面的章节中，将专门介绍各命令的执行方法。

1. 使用功能区

3 个工作空间都是以功能区作为调整命令的主要方式。相比其他执行命令的方法，功能区命令更为直观，非常适合不能熟记绘图命令的 AutoCAD 初学者。

功能区使绘图界面无须显示多个工具栏，它会自动显示与当前绘图操作相应的面板，从而使应用程序窗口更加整洁。使用功能区可以将进行操作的区域最大化，从而加快和简化工作，如图 1-47所示。

图 1-47

2. 使用命令行

使用命令行输入命令是 AutoCAD 的一大特色功能，同时也是较快捷的绘图方法。这就要求用户熟记各种绘图命令，一般对 AutoCAD 比较熟悉的用户都用此方法绘制图形，因为这样可以大大提高绘图的效率。

AutoCAD 2016 中的绝大多数命令都有其相应的简写方式，如 "直线" 命令 "LINE" 的简写方式是 "L"，"矩形" 命令 "RECTANG" 的简写方式是 "REC"，如图 1-48 所示。对于常用的命令，用简写方式输入将大大减少键盘输入的工作量，提高工作效率。另外，AutoCAD 中命令或输入的参数不区分大小写，因此操作者不必考虑输入的大小写。

在命令行输入命令后，可以使用以下几种方法响应其他任何提示和选项。

- 要接受尖括号 "< >" 中的默认选项，则按 Enter 键。
- 要响应提示，则输入值或单击图形中的某个位置。
- 要指定提示选项，可以在命令行中输入所需提示选项对应的字母，然后按 Enter 键；也可以单击所需要的提示选项，如在命令行中单击 "倒角" 选项，等同于在此命令行提示下输入 "C" 并按 Enter 键。

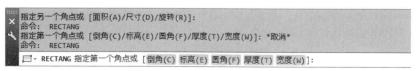

图 1-48

3. 使用菜单栏

AutoCAD 2016 中绝大多数常用命令都分门别类地放置在菜单栏中，如需要在菜单栏中执行"多段线"命令，执行"绘图"|"多段线"命令即可，如图 1-49 所示。

4. 使用快捷菜单调用

使用快捷菜单执行命令，即右击，并在弹出的快捷菜单中选择选项，如图 1-50 所示。

图 1-49

图 1-50

5. 使用工具栏

使用工具栏执行命令是经典的执行方法，如图 1-51 所示，也是旧版本的 AutoCAD 中最主要的执行方法。但随着时代进步，该种方式日渐不适合人们的使用需求，因此与菜单栏一样，工具栏也不显示在 3 个工作空间中，需要通过执行"工具"|"工具栏"|"AutoCAD"命令调出。单击工具栏中的按钮，即可执行相应的命令。用户可以在其他工作空间绘图，也可以根据实际需要调出工具栏，如"UCS""三维导航""建模""视图""视口"等。

为了获取更多的绘图空间，可以按快捷键 Ctrl+0 隐藏工具栏，再按一次即可重新显示工具栏。

图 1-51

1.4.2　命令的重复、放弃与重做

在使用 AutoCAD 2016 绘图的过程中，难免会重复用到某一命令或对某一命令进行了误操作，因此有必要了解命令的重复、放弃与重做方面的知识。

1. 重复执行命令

在绘图过程中，有时需要重复执行同一个命令。如果每次都重复输入，会使绘图效率大大降低。执行"重复执行"命令有以下几种方法。

- 快捷键：Enter 键或空格键。
- 快捷操作：右击，在系统弹出的快捷菜单中选择"最近的输入"选项，在其子菜单中选择需要重复执行的命令。
- 命令行：MULTIPLE 或 MUL。

如果用户对绘图效率要求很高，那可以将鼠标右键自定义为重复执行命令的方式。在绘图区的空白处右击，在弹出的快捷菜单中选择"选项"选项，打开"选项"对话框。然后切换至"用户系统配置"选项卡，单击其中的"自定义右键单击"按钮，打开"自定义右键单击"对话框，选择两个"重复上一个命令"单选项，即可将鼠标右键设置为重复执行命令，如图1-52所示。

图 1-52

2. 放弃命令

在绘图过程中，如果执行了错误的操作，就需要放弃操作。执行"放弃"命令有以下几种方法。

- 菜单栏：执行"编辑"|"放弃"命令。
- 工具栏：单击快速访问工具栏中的"放弃"按钮 。
- 命令行：UNDO 或 U。
- 快捷键：Ctrl+Z。

3. 重做命令

通过重做命令，可以恢复前一次或者前几次已经放弃执行的操作，"重做"命令与"放弃"命令是相对的命令。执行"重做"命令有以下几种方法。

- 菜单栏：执行"编辑"|"重做"命令。
- 工具栏：单击快速访问工具栏中的"重做"按钮 。
- 命令行：REDO。
- 快捷键：Ctrl+Y。

如果要一次性撤销之前的多个操作，可以单击"放弃"按钮右侧的下拉按钮，展开操作的历史记录，如图1-53所示。该记录按照操作的先后，由下往上排列，移动指针选择要撤销的最近几个操作，如图1-54所示，单击即可撤销这些操作。

图 1-53   图 1-54

1.4.3 透明命令

在 AutoCAD 2016 中，有部分命令可以在执行其他命令的过程中嵌套执行，而不必退出其他命令后再执行，这种嵌套的命令就称为透明命令。例如，在执行"圆"命令的过程中，是不可以再去执行"矩形"命令的，但可以执行"捕捉"命令来指定圆心，因此"捕捉"命令就可以看作透明命令。透明命令通常是一些可以查询、改变图形设置或绘图工具的命令，如"GRID""SNAP""OSNAP""ZOOM"等命令。

执行透明命令后，AutoCAD 2016 会自动恢复执行原来的命令。工具栏和状态栏上有些按钮本身就被定义成透明命令，便于在执行其他命令时调用，如"对象捕捉""栅格显示""动态输入"等。执行透明命令有以下几种方法。

* 在执行某一命令的过程中，直接通过菜单栏或工具按钮执行该命令。
* 在执行某一命令的过程中，在命令行输入单引号，然后输入透明命令的字符并按 Enter 键即可执行该命令。

1.4.4 自定义快捷键

丰富的快捷键功能是 AutoCAD 2016 的一大特点，用户可以修改系统默认的快捷键，或者创建自定义的快捷键。例如，"重做"命令默认的快捷键是 Ctrl+Y，在键盘上这两个键因距离太远而操作不方便，此时可以将其设置为 Ctrl+2。

执行"工具"｜"自定义"｜"界面"命令，系统弹出"自定义用户界面"对话框，如图 1-55 所示。在左上角的列表框中选择"键盘快捷键"选项，然后在右上角快捷方式列表框中找到要定义的命令，双击其对应的主键并进行修改，如图 1-56 所示。需注意的是，定义的快捷键不能与其他命令的快捷键重复，否则系统将弹出提示信息对话框，如图 1-57 所示。

图 1-55

图 1-56

图 1-57

1.5 AutoCAD 2016 的视图控制

在绘图过程中，为了更好地观察和绘制图形，通常需要对视图进行平移、缩放、重生成等操作。本节将详细介绍 AutoCAD 2016 视图的控制方法。

1.5.1 视图缩放

视图的"缩放"命令可以调整当前视图的大小，使用户既能观察较大的图形范围，又能观察图形的局部。视图缩放只是改变视图的比例，并不改变图形中对象的绝对大小，打印出来的图形仍是设置的大小。执行"视图缩放"命令有以下几种方法。

· 功能区：在"视图"选项卡中，单击"导航"面板中的视图缩放工具，如图 1-58 所示。
· 菜单栏：执行"视图" | "缩放"命令。
· 工具栏：单击"缩放"工具栏中的按钮。
· 命令行：ZOOM 或 Z。
· 快捷操作：滚动鼠标滚轮。

图 1-58

执行缩放命令后，命令行操作如下。

命令：Z↙   // 执行"缩放"命令
指定窗口的角点，输入比例因子（nX 或 nXP），或者
[全部 (A)/ 中心 (C)/ 动态 (D)/ 范围 (E)/ 上一个 (P)/ 比例 (S)/ 窗口 (W)/ 对象 (O)]< 实时 >：

命令行中各个选项的含义如下。

1. 全部

全部缩放用于在当前视口中显示整个模型空间界限范围内的所有图形对象（包括绘图界限范围内和范围外的所有对象）和视图辅助工具（如栅格），也包含坐标原点。缩放前后的对比效果如图 1-59 所示。

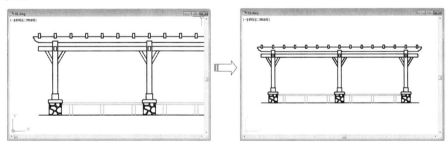

图 1-59

2. 中心

中心缩放以指定点为中心点，整个图形按照指定的缩放比例缩放，缩放点成为新视图的中心点。使用中心缩放的命令行操作如下。

指定中心点：   // 指定一个点作为新视图的显示中心点
输入比例或高度 < 当前值 >：   // 输入比例或高度值

"当前值"为当前视图的纵向高度。若输入的高度值比当前值小，则视图将放大；若输入的高度值比当前值大，则视图将缩小。其缩放系数为"当前窗口高度 ÷ 输入高度"的值。也可以直接输入缩放系数，或在缩放系数后附加字符 X 或 XP。在数值后加 X，表示相对于当前视图进行缩放；在数值后加 XP，表示相对于图纸空间单位进行缩放。

3. 动态

动态缩放用于对图形进行动态缩放。选择该选项后，绘图区将显示几个不同颜色的方框，拖动十字光标将方框移动到要缩放的位置，单击鼠标左键并拖动调整方框大小，最后按 Enter 键即可将方框内的图形最大化显示，如图 1-60 所示。

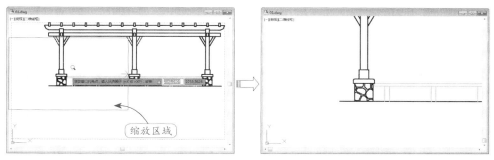

图 1-60

4. 范围

范围缩放使所有图形对象最大化显示，充满整个视口。视图包含已关闭图层上的对象，但不包含冻结图层上的对象。范围缩放仅与图形有关，会使得图形充满整个视口，而不会像全部缩放一样将坐标原点同样计算在内，因此它是使用最为频繁的缩放命令之一。双击鼠标中键可以快速进行视图范围缩放。

5. 上一个

恢复到前一个视图显示的图形状态。

6. 比例

比例缩放是按输入的比例值进行缩放。有以下几种输入方法。

- 直接输入数值，表示相对于图形界限进行缩放，如输入"2"，则图形将以原来尺寸的 2 倍进行显示，如图 1-61 所示（栅格为界限）。

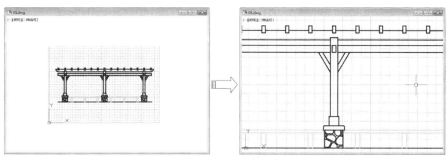

图 1-61

- 在数值后加 X，表示相对于当前视图进行缩放，如输入"2X"，则屏幕上的每个对象显示为原大小的 2 倍，效果如图 1-62 所示。

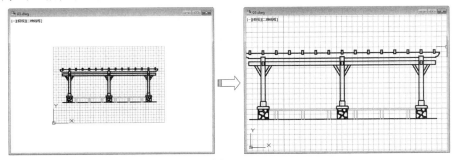

图 1-62

- 在数值后加 XP，表示相对于图纸空间单位进行缩放，如输入"2XP"，则图形以图纸空间单位的 2 倍显示模型空间，效果如图 1-63 所示。

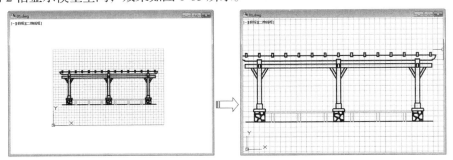

图 1-63

7. 窗口

窗口缩放可以使矩形窗口内的图形充满当前视口。

执行完操作后，用十字光标确定窗口对角点，这两个角点确定了一个矩形窗口，系统将矩形窗口内的图形放大至整个屏幕，如图 1-64 所示。

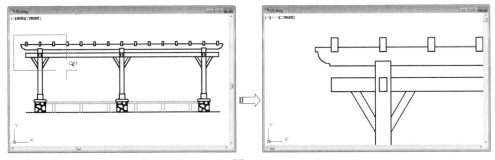

图 1-64

8. 对象

该缩放将选择的图形对象最大限度地显示在屏幕上，图 1-65 所示为选择对象缩放前后的对比效果。

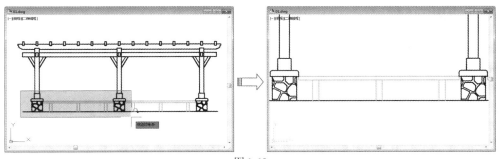

图 1-65

9. 实时

实时缩放为默认选项。执行"缩放"命令后按 Enter 键即可使用该选项。此时，在屏幕上会出现一个 🔍 形状的鼠标指针，按住鼠标左键不放并向上或向下移动，即可实现图形的放大或缩小。

1.5.2 视图平移

视图平移不改变视图的大小和角度，只改变其位置，以便观察图形其他的组成部分，如图 1-66 所示。图形显示不完全，且部分区域不可见时，即可使用视图平移，以便更好地观察图形。

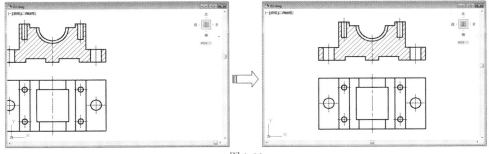

图 1-66

执行"平移"命令有以下几种方法。

- 功能区：单击"视图"选项卡中"导航"面板的"平移"按钮 ✋。
- 菜单栏：执行"视图" | "平移"命令。
- 工具栏：单击"标准"工具栏上的"实时平移"按钮 ✋。
- 命令行：PAN 或 P。
- 快捷操作：按住鼠标滚轮拖动。

视图平移可以分为"实时平移"和"定点平移"两种，其含义如下。

- 实时平移：十字光标变为手形 ✋，按住鼠标左键拖动可以使图形的显示位置随鼠标向同一方向移动。
- 定点平移：通过指定平移起始点和目标点的方式平移图形。

在"平移"子菜单中，"左""右""上""下"分别表示将视图向左、右、上、下 4 个方向移动。必须注意的是，该命令并不是真的移动图形，也不是真正改变图形，而是通过位移视图窗口进行平移。

1.5.3 使用导航栏

导航栏是一种用户界面元素，是一个视图控制集成工具，用户可以从中访问通用导航工具和特定于产品的导航工具。单击视口左上角的"[-]"标签，在弹出菜单中选择"导航栏"选项，可以控制导航栏是否在视口中显示，如图 1-67 所示。

导航栏中有以下通用导航工具。

- ViewCube：指示模型的当前方向，并用于重定向模型的当前视图。
- SteeringWheels：用于在专用导航工具之间快速切换的控制盘集合。
- ShowMotion：使用 ShowMotion 可以将移动和转换添加到保存的视图中，这些保存的视图称为快照。可以创建的快照类型包括：静止画面、电影式和录制的漫游。
- 3Dconnexion：3Dconnexion 三维鼠标用于重新设置模型的视图方向并进行导航。该设备配有一个感压型控制器帽盖，可向所有方向弯曲。使用 3Dconnexion 三维鼠标更改视图时，将重新设置 ViewCube 工具的方向以反映当前视图。

导航栏中有以下特定于产品的导航工具，如图 1-68 所示。

- 平移：沿屏幕平移视图。
- 缩放工具：用于增大或减小模型的当前视图比例的导航工具集。
- 动态观察工具：用于旋转模型当前视图的导航工具集。

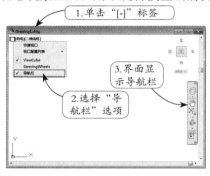

图 1-67

图 1-68

1.5.4 重画与重生成视图

在 AutoCAD 中，某些操作完成后，其效果往往不会立即显示出来，或者会在屏幕上留下绘图的痕迹与标记。因此，需要通过刷新视图重新生成当前图形来观察最新的编辑效果。

刷新视图的命令主要有两个："重画"命令和"重生成"命令。这两个命令都是自动完成的，不需要输入任何参数。

1. 重画

AutoCAD 2016 的常用数据库以浮点数据的形式储存图形对象的信息。浮点格式精度越高，计算时间越长。AutoCAD 2016 重生成对象时，需要把浮点数值转换为适当的屏幕坐标。因此对于复杂图形，重新生成需要花很长的时间。为此，AutoCAD 2016 提供了"重画"这种速度较快的刷新命令。重画只刷新屏幕显示，因而生成图形的速度更快。执行"重画"命令有以下几种方法。

- 菜单栏：执行"视图"｜"重画"命令。
- 命令行：REDRAWALL、RADRAW 或 RA。

在命令行中输入"REDRAW"并按 Enter 键，将从当前视口中删除编辑命令留下来的点标记；而输入"REDRAWWALL"并按 Enter 键，将从所有视口中删除编辑命令留下来的点标记。

2. 重生成

软件使用时间太久或图纸中内容太多，有时就会影响图形的显示效果，让图形变得很粗糙，这时就可以执行"重生成"命令。"重生成"命令不仅重新计算当前视图中所有对象的屏幕坐标，并重新生成整个图形，还重新建立图形数据库索引，从而优化显示对象和选择的性能。执行"重生成"命令有以下几种方法。

- 菜单栏：执行"视图"｜"重生成"命令。
- 命令行：REGEN 或 RE。

"重生成"命令仅对当前视图范围内的图形进行重生成，如果要对整个图形进行重生成，可执行"视图"｜"全部重生成"命令。重生成前后的对比效果如图 1-69 所示。

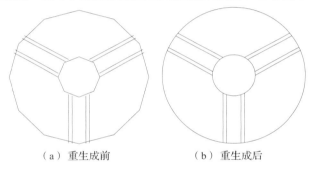

（a）重生成前　　　　　　（b）重生成后

图 1-69

1.6　AutoCAD 2016 的工作空间

AutoCAD 2016 为用户提供了"草图与注释""三维基础""三维建模"这 3 种工作空间。选择不同的工作空间可以进行不同的操作，如在"三维建模"工作空间下，可以方便地进行更复杂的三维建模绘图操作。

1.6.1　"草图与注释"工作空间

AutoCAD 2016 默认的工作空间为"草图与注释"空间。其界面主要由"应用程序"按钮、功能区、快速访问工具栏、绘图区、命令窗口和状态栏等组成。在该空间中，可以方便地使用"默认"选项卡中的"绘图""修改""注释""图层""块""特性"等面板绘制和编辑二维图形，如图 1-70所示。

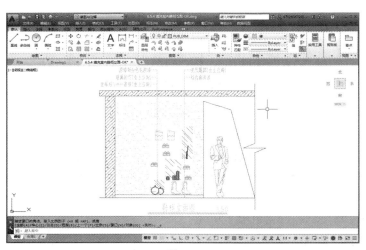

图 1-70

1.6.2 "三维基础"工作空间

"三维基础"工作空间与"草图与注释"工作空间类似，但"三维基础"工作空间的功能区包含的是基本的三维建模工具，如各种常用的三维建模、布尔运算及三维编辑工具按钮，能够非常方便地创建简单的三维模型，如图 1-71 所示。

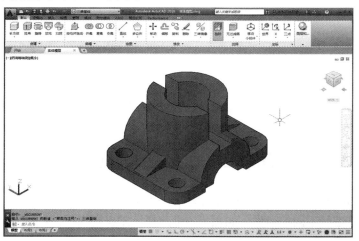

图 1-71

1.6.3 "三维建模"工作空间

"三维建模"工作空间的界面与"三维基础"工作空间的界面相似，但功能区包含的工具有较大差异。其功能区集中了实体、曲面和网格的建模和编辑命令，以及视觉样式、渲染等模型显示工具，为绘制和观察三维图形、附加材质、创建动画、设置光源等操作提供了非常便利的环境，如图 1-72 所示。

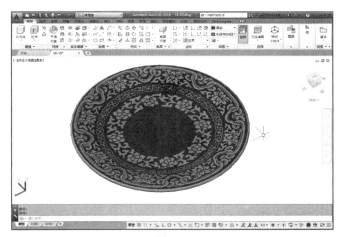

图 1-72

1.6.4　切换工作空间

在"草图与注释"工作空间中绘制出二维草图，然后转换至"三维基础"工作空间进行建模操作，再转换至"三维建模"工作空间，通过赋予材质、布置灯光等操作进行渲染，此即 AutoCAD 2016 建模的大致流程。由此可见，这 3 个工作空间是互为补充的。切换工作空间有以下几种方法。

- 快速访问工具栏：单击快速访问工具栏中的"工作空间"下拉列表框中的下拉按钮，在弹出的下拉列表中选择需要的工作空间，如图 1-73 所示。
- 菜单栏：执行"工具"|"工作空间"命令，在子菜单中选择需要的工作空间，如图 1-74 所示。

图 1-73

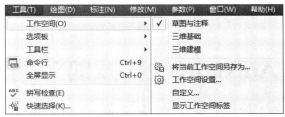

图 1-74

- 工具栏：在"工作空间"工具栏的"工作空间"下拉列表框中选择需要的工作空间，如图 1-75 所示。
- 状态栏：单击状态栏右侧的"切换工作空间"按钮，在弹出的下拉菜单中选择需要的工作空间，如图 1-76 所示。

图 1-75

图 1-76

1.6.5　工作空间设置

通过"工作空间设置"命令可以修改 AutoCAD 2016 默认的工作空间。这样做的好处就是能将用户自定义的工作空间设为默认工作空间，这样在启动 AutoCAD 2016 后即可快速工作，无须再进行切换。

执行"工作空间设置"命令的方法与切换工作空间的方法一致，只需选择"工作空间设置"选项。选择之后弹出"工作空间设置"对话框，如图 1-77 所示。在"我的工作空间（M）="下拉列表框中选择要设置为默认的工作空间，即可将该工作空间设置为 AutoCAD 2016 启动后的初始工作空间。

可以在工作空间列表中将不需要的工作空间删除。选择"自定义"选项，打开"自定义用户界面"对话框，在不需要的工作空间名称上右击，在弹出的快捷菜单中选择"删除"选项，即可删除不需要的工作空间，如图 1-78 所示。

图 1-77　　　　　　　　　　　　　　　　　　　　　　图 1-78

1.7　AutoCAD 2016 的文件管理

文件管理是软件操作的基础，在 AutoCAD 2016 中，与图形文件有关的基本操作包括新建、打开、保存、查找和输出等。

1.7.1　AutoCAD 2016 文件的主要格式

AutoCAD 2016 能直接保存和打开的文件的格式主要有 DWG、DWS、DWT 和 DXF 这 4 种，分别介绍如下。

- DWG：DWG 文件是 AutoCAD 的默认图形文件，是二维或三维图形档案。如果另一个应用程序需要使用该文件的信息，则可以通过"输出"命令将其转换为其他的特定格式。
- DWS：DWS 文件被称为标准文件，里面保存了图层、标注样式、线型、文字样式等。当设计单位要实行图纸标准化，对图纸的图层、标注、文字、线型有非常明确的要求时，就可以使用 DWS 标准文件。此外，为了保护自己的文档，可以将图形用 DWS 的格式保存，DWS 格式的文档只能查看，不能修改。

- DWT：DWT 是 AutoCAD 模板文件，保存了一些图形设置和常用对象（如标题框和文本）。
- DXF：DXF 文件是包含图形信息的文本文件，其他的 CAD 系统（如 UG、Creo、Solidworks 等）可以读取 DXF 文件中的信息。因此可以用 DXF 格式保存 AutoCAD 图形，使其可以在其他绘图软件中打开。

1.7.2 样板文件

如果将 AutoCAD 2016 中的绘图工具比作设计师手中的铅笔，那么样板文件就可以看成供铅笔涂写的纸。而纸也有白纸、带格式的纸之分，选择合适格式的纸可以让绘图事半功倍，同理，选择合适的样板文件也可以让 AutoCAD 2016 的使用变得更为轻松。

样板文件存储图形的所有设置，包含预定义的图层、标注样式、文字样式、表格样式、视图布局、图形界限等设置及绘制的图框和标题栏。样板文件通过扩展名".dwt"区别于其他图形文件。它们通常保存在 AutoCAD 2016 安装目录下的"Template"文件夹中，如图 1-79 所示。

图 1-79

在 AutoCAD 2016 中，用户可以根据行业、企业或个人的需要定制样板文件，新建时即可启动自制的样板文件，这样既可以节省工作时间，又可以统一图纸格式。

AutoCAD 2016 的样板文件中自动包含对应的布局，这里简单介绍其中使用得较多的几种。

- Tutorial-iArch.dwt：样例建筑样板（英制），其中已绘制好了英制的建筑图纸标题栏。
- Tutorial-mArch.dwt：样例建筑样板（公制），其中已绘制好了公制的建筑图纸标题栏。
- Tutorial-iMfg.dwt：样例机械设计样板（英制），其中已绘制好了英制的机械图纸标题栏。
- Tutorial-mMfg.dwt：样例机械设计样板（公制），其中已绘制好了公制的机械图纸标题栏。

1.7.3 新建文件

启动 AutoCAD 2016 后，系统将自动新建一个名为"Drawing1.dwg"的图形文件，该图形文件默认以 acadiso.dwt 为样板创建。如果用户需要绘制一个新的图形，则需要使用"新建"命令。执行"新建"命令有以下几种方法。

- "应用程序"按钮：单击"应用程序"按钮，在下拉菜单中选择"新建"选项，如图 1-80 所示。
- 快速访问工具栏：单击快速访问工具栏中的"新建"按钮 。

- 菜单栏：执行"文件"|"新建"命令。
- 标签栏：单击标签栏上的"新建"按钮 ■■■ 。
- 命令行：NEW 或 QNEW。
- 快捷键：Ctrl+N。

用户可以根据绘图需要，在对话框中选择打开不同的绘图样板，为样板文件创建一个新的图形文件。单击"打开"按钮旁的下拉按钮可以选择打开样板文件的方式，有"打开""无样板打开 - 英制""无样板打开 - 公制"3 种方式，如图 1-81 所示。通常选择默认的"打开"方式。

图 1-80

图 1-81

1.7.4 打开文件

AutoCAD 文件的打开方式有很多种，执行"打开"命令有以下几种方法。

- "应用程序"按钮：单击"应用程序"按钮 ▲，在下拉菜单中选择"打开"选项。
- 快速访问工具栏：单击快速访问工具栏上的"打开"按钮 ▷。
- 菜单栏：执行"文件"|"打开"命令。
- 标签栏：在标签栏空白位置右击，在弹出的快捷菜单中选择"打开"选项。
- 命令行：OPEN 或 QOPEN。
- 快捷键：Ctrl+O。
- 快捷操作：直接双击要打开的 DWG 图形文件。

执行"打开"命令后，弹出"选择文件"对话框，该对话框用于选择已有的 AutoCAD 图形文件。单击"打开"按钮旁的下拉按钮，在弹出的下拉列表中可以选择不同的打开方式，如图 1-82 所示。

图 1-82

下拉列表中各选项的含义说明如下。

- 打开：直接打开图形，可对图形进行编辑、修改。
- 以只读方式打开：打开图形后仅能查看图形，无法进行修改与编辑。
- 局部打开：允许用户处理图形的某一部分，只加载指定视图或图层的指定图形。
- 以只读方式局部打开：以只读方式局部打开的图形无法被编辑与修改，只能查看。

1.7.5　保存文件

保存文件是指将新绘制的或修改好的图形文件进行存储，以便以后对图形进行查看、使用、修改、编辑等。在绘制图形过程中也需要随时对图形进行保存，以避免意外情况发生，导致文件丢失或不完整。

1. 保存新的图形文件

保存新文件就是对新绘制的还没保存过的文件进行保存。执行"保存"命令有以下几种方法。

- "应用程序"按钮：单击"应用程序"按钮 ▲，在下拉菜单中选择"保存"选项。
- 快速访问工具栏：单击快速访问工具栏上的"保存"按钮 🖫。
- 菜单栏：执行"文件"｜"保存"命令。
- 快捷键：Ctrl+ S。
- 命令行：SAVE 或 QSAVE。

执行"保存"命令后，系统弹出图 1-83 所示的"图形另存为"对话框。在此对话框中，可以进行如下操作。

图 1-83

- 设置存储路径：单击打开对话框上方的"保存于"下拉列表框，设置存储路径。
- 设置文件名：在"文件名"文本框内输入文件名称，如"我的文档"等。
- 设置文件格式：单击打开对话框底部的"文件类型"下拉列表框，设置文件的格式类型。

提示

默认的存储格式为"AutoCAD 2013 图形（*.dwg）"。使用此种格式将文件保存后，文件只能被 AutoCAD 2013 及以后的版本打开。如果用户需要在 AutoCAD 的早期版本中打开此文件，则必须使用低版本的文件格式进行存储。

---

2. 另存为其他文件

当用户在已存储的图形基础上进行了其他修改工作又不想覆盖原来的图形时，可以使用"另存为"命令，将修改后的图形以不同图形文件进行存储。执行"另存为"命令有以下几种方法。

- "应用程序"按钮：单击"应用程序"按钮▲，在下拉菜单中选择"另存为"选项。
- 快速访问工具栏：单击快速访问工具栏上的"另存为"按钮🖫。
- 菜单栏：执行"文件"|"另存为"命令。
- 快捷键：Ctrl+Shift+S。
- 命令行：SAVE AS。

提示

使用"另存为"命令可以将现有图形保存为样板文件或者低版本的文件，使当前文件可以在低版本的 AutoCAD 中打开。

1.7.6　关闭文件

为了避免同时打开过多的图形文件，需要关闭不再使用的文件。执行"关闭"命令有以下几种方法。

- "应用程序"按钮：单击"应用程序"按钮▲，在下拉菜单中选择"关闭"选项。
- 菜单栏：执行"文件"|"关闭"命令。
- 文件窗口：单击文件窗口右上角的"关闭"按钮🗙，如图 1-84 所示。
- 标签栏：单击标签栏上的"关闭"按钮⊗。
- 快捷键：Ctrl+F4。
- 命令行：CLOSE。

执行该命令后，如果当前图形文件没有被保存，那么在关闭该图形文件时系统将提示是否需要保存修改，如图 1-85 所示。

图 1-84　　　　　　　　　　　　　　　　图 1-85

提示

如果单击软件窗口的"关闭"按钮，则会直接退出 AutoCAD 2016。

第2章

辅助绘图工具

本章介绍

    要利用 AutoCAD 2016 绘制图形，首先就要了解坐标、对象选择和辅助绘图工具等方面的知识。本章将深入阐述相关内容，并通过实例来帮助读者加深理解。

- -

课堂学习目标

- 认识坐标系
- 了解对象捕捉方法
- 掌握图形选择方法

2.1 AutoCAD 的坐标系

AutoCAD 的图形定位主要是由坐标系进行确定的。要想正确、高效地绘图，必须先了解 AutoCAD 的坐标系的概念和坐标输入方法。

2.1.1 课堂案例——绘制直角三角形

学习目标：通过输入坐标值的方法指定点并进行连线，从而绘制出所需的图形。

知识要点：在 AutoCAD 中，任何图形位置都可以通过坐标的方式表示，因此可以通过输入图形上点的坐标来绘制出图形。如本节所绘制的直角三角形，中点 O 为 AutoCAD 的坐标原点，坐标为（0，0），因此点 A 的绝对坐标则为（10，10），点 B 的绝对坐标为（50，10），点 C 的绝对坐标为（50，40），如图 2-1 所示。

（1）启动 AutoCAD 2016，新建一个空白文件，接着在"默认"选项卡中单击"绘图"面板上的"直线"按钮，如图 2-2 所示，执行"直线"命令。

（2）命令行出现"指定第一个点"的提示，直接在其后输入"10，10"，即点 A 的坐标，如图 2-3 所示。

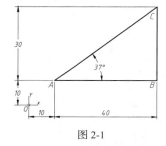
图 2-1

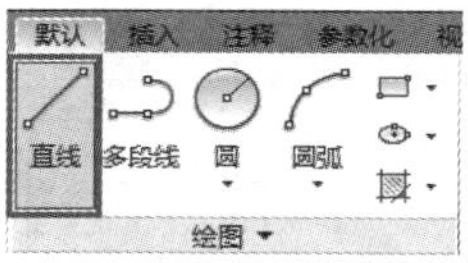

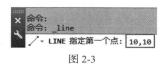
图 2-2

图 2-3

（3）按 Enter 键确定第一个点的输入，接着命令行提示"指定下一点"，然后输入"50，10"，即点 B 的绝对坐标值，便可得到图 2-4 所示的线段 AB。

（4）按 Enter 键确定点 B 的输入，接着参照上一步骤，输入"50，40"，即点 C 的绝对坐标值，即可绘制线段 BC，效果如图 2-5 所示。

（5）得到线段 AB 和 BC 后，再输入"C"即可执行命令行提示中的"闭合"命令，所绘制的图形自动首尾相连，得到最终的直角三角形图形。

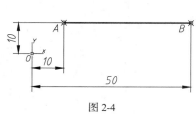
图 2-4

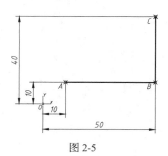
图 2-5

命令行操作如下。

命令：L↙　　　　　　　　　　　　 // 调用"直线"命令

指定第一个点：10, 10↙　　　　　 // 输入点 *A* 的绝对坐标

指定下一点或 [放弃(U)]：50, 10↙　 // 输入点 *B* 的绝对坐标

指定下一点或 [放弃(U)]：50, 40↙　 // 输入点 *C* 的绝对坐标

指定下一点或 [闭合(C)/ 放弃(U)]：c↙　 // 闭合图形

提示

本书中命令行操作文本中的"↙"符号代表按下 Enter 键；"//"符号后的文字为提示文字。

2.1.2 坐标的 4 种表示方法

在指定坐标点时，既可以使用直角坐标，也可以使用极坐标。在 AutoCAD 中，一个点的坐标有绝对直角坐标、相对直角坐标、绝对极坐标和相对极坐标 4 种表示方法。

1. 绝对直角坐标

绝对直角坐标是指相对于坐标原点（0，0）的直角坐标，要使用该方法指定点，应输入逗号隔开的 X、Y 和 Z 值，即用（X，Y，Z）表示。当绘制二维平面图形时，其 Z 值为 0，可省略而不必输入，仅输入 X、Y 值即可，如图 2-6 所示。

2. 相对直角坐标

相对直角坐标是基于上一个输入点而言，以某点相对于另一特定点的位置来定义该点的位置。相对特定坐标点（X，Y，Z）增加（nX，nY，nZ）的坐标点的输入格式为（@nX，nY，nZ）。相对坐标输入格式为（@X，Y），"@"符号表示使用相对坐标输入，是指定相对于上一个点的偏移量，如图 2-7 所示。

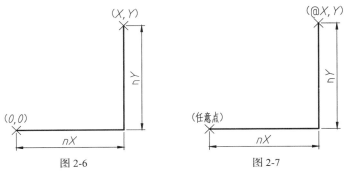

图 2-6　　　　　　　　　　　　 图 2-7

提示

分割坐标的"，"和"@"符号都应是英文输入法下的字符，否则无效。

3. 绝对极坐标

该坐标方式是指相对于坐标原点（0，0）的极坐标。如坐标（12<30）是指从 X 轴正方向逆时针旋转 30°，距离原点 12 个图形单位的点，如图 2-8 所示。在实际工作中，由于很难确定与坐标原点之间的绝对极轴距离，因此该方法使用较少。

4. 相对极坐标

以某一特定点为参考极点，输入相对于参考极点的距离和角度来定义一个点的位置。相对极坐标输入格式为（@A< 角度），其中 A 表示指定与特定点的距离。如坐标（@14<45）是指相对于前一个点角度为 45°、距离为 14 个图形单位的一个点，如图 2-9 所示。

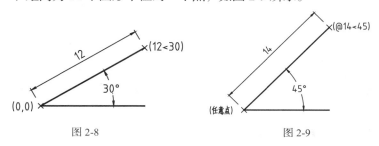

图 2-8   图 2-9

> **提示**
>
> 这 4 种坐标的表示方法，除了绝对极坐标外，其余 3 种均使用较多，需重点掌握。

2.1.3 坐标值的显示

在 AutoCAD 状态栏的左侧区域，会显示十字光标所处位置的坐标值，该坐标值有 3 种显示状态。
- 绝对直角坐标状态：显示十字光标所在位置的坐标。
- 相对极坐标状态：在相对于前一个点来指定第二个点时可以使用此状态。
- 关闭状态：颜色变为灰色，并"冻结"关闭时所显示的坐标值，如图 2-10 所示。

用户可根据需要在这 3 种状态之间相互切换。切换的方法有以下 3 种。
- 快捷键 Ctrl+I 可以关闭或开启坐标显示。
- 当确定一个位置后，在状态栏中显示坐标值的区域单击，也可以进行切换。
- 在状态栏中显示坐标值的区域右击，弹出快捷菜单，如图 2-11 所示，可在其中选择所需状态。

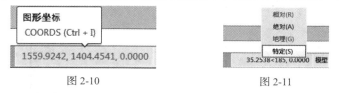

图 2-10   图 2-11

2.2 十字光标设置

本节将介绍 AutoCAD 2016 中十字光标的相关设置。十字光标是主要的绘图执行工具，通过对十字光标进行适当的设置，可以实现对对象特征点（如中点、端点等）的抓取，也可以用于绘制垂直、水平或其他特定角度的线段。了解并熟悉十字光标设置的应用范围，将对提高绘图效率大有帮助。

2.2.1　课堂案例——绘制菱形

学习目标：通过设置极轴参数来绘制一些具有特定角度的线段，然后通过动态输入确定长度，从而绘制出所需的图形。

知识要点：在 AutoCAD 中，默认情况下只有在绘制水平和垂直（即 0°、90°、180°、270°、360°）线时才会出现辅助定位用的追踪虚线。但用户可以根据自己的需要，在草图设置中修改为其他角度值也可使用追踪虚线，用于绘制特殊的角度。本例所绘的菱形如图 2-12 所示。

（1）启动 AutoCAD 2016，然后新建一个空白文件，接着在状态栏上的"极轴追踪"按钮 ⊙ 上右击，在弹出的快捷菜单中选择"正在追踪设置"选项，如图 2-13 所示。

（2）系统弹出"草图设置"对话框，在"极轴追踪"选项卡下单击"新建"按钮，然后输入绘制棱形所需的角度值 60°、120°、240° 和 300°，如图 2-14 所示。

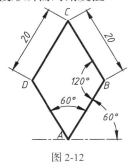

图 2-12

图 2-13

图 2-14

（3）单击"确定"按钮关闭"草图设置"对话框，接着在"默认"选项卡的"绘图"面板中单击"直线"按钮 ╱，开启动态输入后十字光标附近会出现"指定第一个点"的提示，右侧的文本框可用于输入坐标值或其他尺寸参数，如图 2-15 所示。

（4）此时可在屏幕空白处任意指定一个点为点 A，然后向右上方移动十字光标，可见在与水平线的夹角呈 60° 时出现了追踪虚线，即表示此时所绘制直线为 60° 的角度线，然后在文本框中输入长度为"20"，单击进行确认，即可得到菱形的第一条线段 AB，如图 2-16 所示。

图 2-15　　　　　　　　　　　　　　　图 2-16

（5）向左上方移动十字光标，可见在与水平线的夹角呈 120° 时出现了追踪虚线，然后在文本框中输入长度为"20"，单击进行确认，即可得到菱形的第二条线段 BC，如图 2-17 所示。

（6）使用相同方法，分别移动十字光标至目标所在附近位置，在出现追踪虚线时输入长度值，然后单击进行确认，从而得到菱形的第三条和第四条线段，结果如图 2-18 和图 2-19 所示。

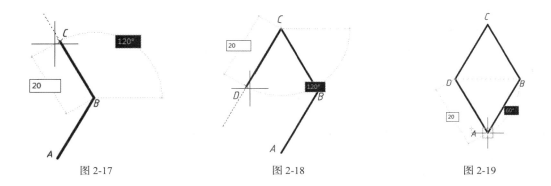

图 2-17　　　　　　　　　图 2-18　　　　　　　　　图 2-19

2.2.2　动态输入

在绘图的时候，有时在十字光标处会显示命令提示或尺寸输入文本框，这类设置称作"动态输入"。在 AutoCAD 中，"动态输入"有两种显示状态，即指针输入和标注输入状态，如图 2-20 所示。"动态输入"功能的开关切换有以下几种方法。

- 快捷键：按 F12 键切换开关状态。
- 状态栏：单击状态栏上的"动态输入"按钮 ，如图 2-21 所示，高亮显示时为开启。

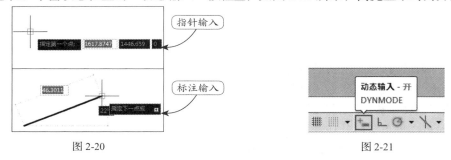

图 2-20　　　　　　　　　　　　　　　　　　　　　图 2-21

右击状态栏上的"动态输入"按钮 ，在快捷菜单中选择"动态输入设置"选项，打开"草图设置"对话框中的"动态输入"选项卡，该选项卡可以控制在启用"动态输入"时每个部件所显示的内容。选项卡中包含 3 个选项组，即"指针输入""标注输入""动态提示"，如图 2-22 所示，分别介绍如下。

1. 指针输入

单击"指针输入"选项组的"设置"按钮，打开"指针输入设置"对话框，如图 2-23 所示。可以在其中设置指针的格式和可见性。工具提示中包含十字光标所在位置的坐标值，它们都显示在十字光标旁边。命令行提示用户输入点时，可以在工具提示文本框（而非命令行）中输入坐标值。

图 2-22　　　　　　　　　　　　　　图 2-23

2. 标注输入

在"草图设置"对话框的"动态输入"选项卡，勾选"可能时启用标注输入"复选框，启用标注输入功能。单击"标注输入"选项组中的"设置"按钮，打开图 2-24 所示的"标注输入的设置"对话框。利用该对话框可以设置夹点拉伸时标注输入的可见性等。

3. 动态提示

"动态提示"选项组中各选项含义说明如下。

- "在十字光标附近显示命令提示和命令输入"复选框：勾选该复选框，可在十字光标附近显示命令提示。
- "随命令提示显示更多提示"复选框：勾选该复选框，显示使用 Shift 键和 Ctrl 键进行夹点操作的提示。
- "绘图工具提示外观"按钮：单击该按钮，弹出图 2-25 所示的"工具提示外观"对话框，可以进行颜色、大小、透明度和应用场合的设置。

图 2-24   图 2-25

2.2.3 栅格

"栅格"相当于手工制图中使用的坐标纸，它按照相等的间距在屏幕上设置栅格点（或线）。用户可以通过栅格点数目来确定距离，从而达到精确绘图的目的。"栅格"不是图形的一部分，只供用户视觉参考，打印时不会被输出。

控制"栅格"显示有以下几种方法。

- 快捷键：按 F7 键可以切换开关状态。
- 状态栏：单击状态栏上的"显示图形栅格"按钮 ，如图 2-26 所示，高亮显示时为开启。

在 AutoCAD 2016 中，栅格有两种显示样式：点矩阵和线矩阵。默认状态下显示的是线矩阵栅格，如图 2-27 所示。

图 2-26   图 2-27

要显示点矩阵栅格，可在状态栏上的"显示图形栅格"按钮 ▦ 上右击，在弹出的快捷菜单中选择"网格设置"选项，打开"草图设置"对话框中的"捕捉和栅格"选项卡，然后勾选"栅格样式"选项组中的"二维模型空间"复选框，即可在二维模型空间显示点矩阵栅格，如图 2-28 所示。

图 2-28

2.2.4 捕捉

"捕捉"功能可以控制十字光标移动的距离，它经常和"栅格"功能一起使用。当"捕捉"功能打开时，十字光标便能停留在栅格点上，这样就只能通过栅格点连线绘制图形，如图 2-29 所示。

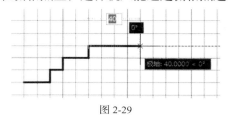

图 2-29

提示

此方法只有在执行"直线""多段线"等绘图命令时才会产生效果，不执行这些命令时，十字光标仍可自由移动。

控制"捕捉"功能有以下几种方法。
- 快捷键：按 F9 键可以切换开关状态。
- 状态栏：单击状态栏上的"捕捉模式"按钮 ▦▾，若高亮显示则为开启。

同样，也可以在"草图设置"对话框中的"捕捉和栅格"选项卡中控制"捕捉"功能的开关状态及其相关属性。

2.2.5 正交

在绘图过程中，使用"正交"功能便可以将十字光标限制在水平或者垂直轴向上，同时也将其限制在当前的栅格旋转角度内。使用"正交"功能就如同使用了丁字尺绘图，可以保证绘制的直线完全呈水平或垂直状态，方便绘制水平或垂直直线。

控制"正交"功能有以下几种方法。

- 快捷键：按 F8 键可以切换正交开关模式。
- 状态栏：单击"正交"按钮█，如图 2-30 所示，高亮显示时为开启。

因为"正交"功能限制了直线的方向，所以绘制水平或垂直直线时，指定方向后直接输入长度值即可，不必再输入完整的坐标值。开启"正交"功能后十字光标状态如图 2-31 所示，关闭"正交"功能后十字光标状态如图 2-32 所示。

图 2-30   图 2-31   图 2-32

2.2.6 极轴追踪

"极轴追踪"功能实际上是极坐标的一个应用。使用"极轴追踪"功能绘制直线时，捕捉到一定的极轴方向即确定了极角，然后输入直线值的长度即确定了极半径，因此和使用"正交"功能绘制直线一样，使用"极轴追踪"功能绘制直线一般通过输入长度来确定直线的第二个点。"极轴追踪"功能可以用来绘制带角度的直线，如图 2-33 所示。

一般来说，"极轴追踪"功能可以绘制任意角度的直线，包括水平的 0°、180° 与垂直的 90°、270° 等，因此某些情况下可以代替"正交"功能使用。使用"极轴追踪"功能绘制的图形如图 2-34 所示。

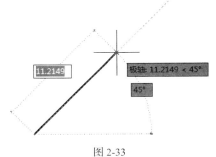 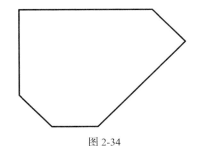

图 2-33   图 2-34

切换"极轴追踪"功能有以下几种方法。

- 快捷键：按 F10 键可以切换开关状态。
- 状态栏：单击状态栏上的"极轴追踪"按钮█，高亮显示时为开启。

右击状态栏上的"极轴追踪"按钮█，弹出追踪角度列表，如图 2-35 所示，其中的数值便为启用"极轴追踪"时的捕捉角度值。在弹出的快捷菜单中选择"正在追踪设置"选项，打开"草图设置"对话框，在"极轴追踪"选项卡中可设置是否开启极轴追踪和其他角度值的增量角等，如图 2-36 所示。

图 2-35

图 2-36

"极轴追踪"选项卡中各选项的含义如下。

- 增量角：用于设置极轴追踪角度。当十字光标的相对角度等于该角，或者是该角的整数倍时，屏幕上将显示追踪路径，如图 2-37 所示。

- 附加角：增加任意角度值作为极轴追踪的附加角度。勾选"附加角"复选框，并单击"新建"按钮，然后输入所需追踪的角度值，即可追踪该角度，如图 2-38 所示。

图 2-37   图 2-38

- 仅正交追踪：当"对象捕捉追踪"打开时，仅显示已获得的对象捕捉点的正交（水平和垂直方向）对象捕捉追踪路径，如图 2-39 所示。

- 用所有极轴角设置追踪：当"对象捕捉追踪"打开时，将从对象捕捉点起沿任何极轴角进行对象捕捉追踪，如图 2-40 所示。

图 2-39   图 2-40

- 极轴角测量：设置极轴角的参照标准。"绝对"单选项表示使用绝对极坐标，以 X 轴正方向为 0°。"相对上一段"单选项表示根据上一段绘制的直线确定极轴角，上一段直线所在的方向为 0°，如图 2-41 所示。

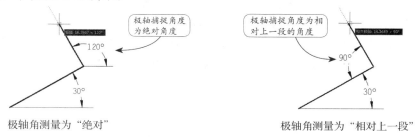

极轴角测量为"绝对"   极轴角测量为"相对上一段"

图 2-41

细心的读者可能发现，极轴追踪的增量角与后续捕捉角度都是成倍递增的，如图 2-35 所示；但图中唯有一个例外，那就是 23° 的增量角后面的捕捉角度为 45°，且 23° 与后面的各角度也不成整数倍关系。这是由于 AutoCAD 的角度单位精度设置为整数，因此 22.5° 就被四舍五入为 23° 了。只需在菜单栏执行"格式"|"单位"命令，在弹出的"图形单位"对话框中将角度精度设置为"0.0"，即可使 23° 的增量角还原为 22.5°，如图 2-42 所示，使用极轴追踪时也能正常捕捉 22.5°。

图 2-42

2.3　对象捕捉

通过"对象捕捉"功能可以精确定位现有图形对象的特征点、如圆心、中点、端点、节点、象限点等，从而为精确绘制图形提供了有利条件。

2.3.1　课堂案例——绘制五角星

学习目标：通过捕捉现有图形上的特征点进行连线，从而绘制出所需的图形。

知识要点：使用 AutoCAD 进行绘图时，会遇到要在现有图形上进行定位的情况，如从某条直线的端点或中点处开始绘制第二条直线，将图形移动至圆的圆心处等，这些操作无一例外都需要在现有图形上进行捕捉定位。如果没有捕捉对象，则无法准确绘制出图形。本例所绘制的五角星便是通过连接五边形的 5 个角点来实现的，如图 2-43 所示。

素材文件：第 2 章 \2.3.1 绘制五角星 .dwg。

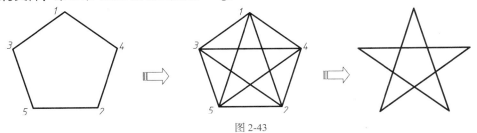

图 2-43

（1）打开素材文件，其中已创建好了一个五边形，5 个角点上都标了序号，如图 2-44 所示。

（2）确保状态栏中的"对象捕捉"按钮🔲为高亮显示状态，然后单击"绘图"面板中的"直线"按钮✎，执行"直线"命令，接着将十字光标移动至点 *1* 处，显示可以捕捉线段端点，如图 2-45 所示。

（3）指定第一个点后再根据命令行的提示，将十字光标移动至点 *2* 处，同样显示可以捕捉线段端点，单击即可得到五角星的第一条边，如图 2-46 所示。

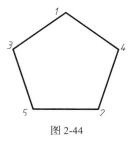

图 2-44

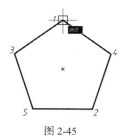

图 2-45

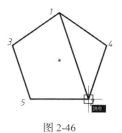

图 2-46

（4）参照相同的方法，按顺序连接剩下的 3 个点，再选择外框的五边形，按 Delete 键删除，即可得到五角星图形，如图 2-47 所示。

图 2-47

2.3.2　对象捕捉概述

鉴于"点坐标法"与"肉眼确定法"的各种弊端，AutoCAD 提供了"对象捕捉"功能。在"对象捕捉"功能开启的情况下，系统会自动捕捉某些特征点，如圆心、中点、端点、节点、象限点等，如图 2-48 所示；而如果没有启动"对象捕捉"功能，则无法快速地准确定位至图形上，如图 2-49 所示。因此，"对象捕捉"功能的实质是对图形对象特征点的捕捉。

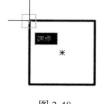

图 2-48

图 2-49

"对象捕捉"功能生效需要具备以下两个条件。

第一，"对象捕捉"功能的开关必须打开，即状态栏上的🔲要高亮显示。

第二，命令行提示输入点位置的时候。

如果命令行并没有提示输入点位置，则"对象捕捉"功能是不会生效的。因此，"对象捕捉"功能实际上是用捕捉特征点的位置的方式来代替在命令行输入特征点的坐标的方式。

2.3.3　设置对象捕捉点

控制"对象捕捉"功能有以下几种方法。

- 菜单栏：执行"工具"｜"绘图设置"命令，弹出"草图设置"对话框。选择"对象捕捉"选项卡，勾选或取消勾选"启用对象捕捉"复选框可以打开或关闭"对象捕捉"功能，但这种操作太烦琐，实际中一般不使用。
- 快捷键：按 F3 键可以切换开关状态。
- 状态栏：单击状态栏上的"对象捕捉"按钮 □ ▾，如图 2-50 所示，高亮显示时为开启。
- 命令行：输入 OSNAP。

在设置对象捕捉点之前，需要确定哪些特征点是需要的，哪些是不需要的。这样不仅可以提高效率，也可以避免捕捉失误。启用"对象捕捉"功能后，系统弹出"草图设置"对话框，在"对象捕捉模式"选项组中勾选需要的特征点，单击"确定"按钮即可，如图 2-51 所示。

图 2-50

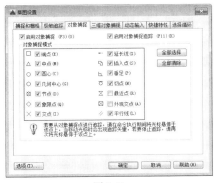

图 2-51

在 AutoCAD 2016 中，对话框中共列出 14 种对象捕捉点和对应的捕捉标记，含义分别如下。

- 端点：捕捉直线或曲线的端点。
- 中点：捕捉直线或圆弧的中心点。
- 圆心：捕捉圆、椭圆或圆弧的圆点。
- 几何中心：捕捉多段线、二维多段线或二维样条曲线的几何中心点。
- 节点：捕捉用"点""多点""定数等分""定距等分"等 POINT 类命令绘制的点对象。
- 象限点：捕捉位于圆、椭圆或圆弧上 0°、90°、180° 和 270° 处的点。
- 交点：捕捉两条直线或圆弧的交点。
- 延长线：捕捉直线延长线上的点。
- 插入点：捕捉图块、标注对象或外部参照的插入点。
- 垂足：捕捉从已知点到已知直线的垂线的垂足。
- 切点：捕捉圆、圆弧或其他曲线的切点。
- 最近点：捕捉在直线、圆弧、椭圆或样条曲线上且距离十字光标最近的特征点。
- 外观交点：在三维视图中，从某个角度观察两个对象可能相交，但实际并不一定相交，此时可以使用"外观交点"功能捕捉对象在外观上相交的点。
- 平行线：选定路径上的一个点，使通过该点的直线与已知直线平行。

启用"对象捕捉"功能之后，在绘图过程中，当十字光标靠近这些被启用的捕捉特殊点后，将自动对其进行捕捉，效果如图 2-52 所示。这里需要注意的是，在"对象捕捉"选项卡中，各捕捉特殊点前面的形状符号，如□、×、○等，便是在绘图区捕捉到这些点时会显示的形状。

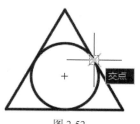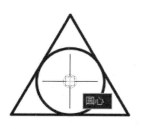

图 2-52

　　当需要捕捉一个物体上的点时，只要将十字光标靠近该物体，不断地按 Tab 键，这个物体的某些特殊点（如直线的端点、中点、垂足、交点、象限点、几何中心、切点等）就会轮换显示出来，选择需要的点，单击即可以捕捉该点，如图 2-53 所示。

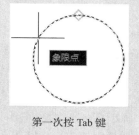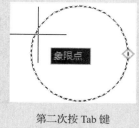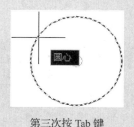

第一次按 Tab 键　　　　　　　　第二次按 Tab 键　　　　　　　　第三次按 Tab 键

图 2-53

2.3.4　对象捕捉追踪

　　在绘图过程中，除了需要掌握"对象捕捉"功能的应用外，也需要掌握"对象捕捉追踪"功能的相关知识和应用的方法，这样才能提高绘图的效率。切换"对象捕捉追踪"功能有以下几种方法。

- 快捷键：按 F11 键可以切换开关状态。
- 状态栏：单击状态栏上的"对象捕捉追踪"按钮 。

　　启用"对象捕捉追踪"功能后，在绘图的过程中需要指定点时，十字光标可以沿基于其他对象捕捉点的对齐路径进行追踪，图 2-54 所示为中点捕捉追踪效果，图 2-55 所示为交点捕捉追踪效果。

图 2-54　　　　　　　　　　　　　图 2-55

　　由于"对象捕捉追踪"功能是基于"对象捕捉"功能来进行的，因此，要使用"对象捕捉追踪"功能，必须先开启一个或多个"对象捕捉"功能。

2.3.5 临时捕捉概述

临时捕捉是一种一次性的捕捉模式,这种捕捉模式不是自动的,当用户需要临时捕捉某个特征点时,需要在捕捉之前手工设置需要捕捉的特征点,然后进行捕捉。这种捕捉不能反复使用,再次使用时需重新选择捕捉类型。

1. 临时捕捉的启用方法

执行临时捕捉有以下几种方法。

- 快捷操作:在命令行提示输入点的坐标时,如果要使用临时捕捉模式,可以按住 Shift 键然后右击,系统弹出快捷菜单,如图 2-56 所示,在其中选择需要的捕捉类型。
- 命令行:输入执行捕捉对象的快捷命令。
- 在绘图过程中,输入并执行"MID"命令将临时捕捉图形的中点,如图 2-57 所示。AutoCAD 中常用的对象捕捉模式及其快捷命令如表 2-1 所示。

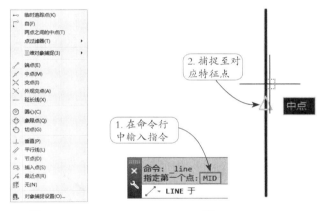

图 2-56   图 2-57

表 2-1   常用对象捕捉模式及其快捷命令

捕捉模式	快捷命令	捕捉模式	快捷命令	捕捉模式	快捷命令
临时追踪点	TT	节点	NOD	切点	TAN
自	FROM	象限点	QUA	最近点	NEA
两点之间的中点	MTP	交点	INT	外观交点	APP
端点	ENDP	延长线	EXT	平行	PAR
中点	MID	插入点	INS	无	NON
圆心	CEN	垂足	PER	对象捕捉设置	OSNAP

 提示

这些命令即第 1 章介绍的透明命令,可以在执行命令的过程中输入。

2. 临时捕捉的类型

通过图 2-56 所示的快捷菜单可知，临时捕捉可以捕捉的点比"草图设置"对话框中的对象捕捉点要多出 4 种类型，即临时追踪点、自、两点之间的中点、点过滤器。各类型的具体含义将在后面分别进行介绍。

2.3.6 课堂案例——绘制已知线段的垂直线

学习目标：通过临时捕捉选定现有直线上的点，再以该点为垂足，绘制出垂直的线段。

知识要点：对于初学者来说，"绘制已知线段的垂直线"是一个看似简单，实则非常棘手的问题。其实这个问题完全可以通过临时捕捉来完成，本例便介绍如何绘制已知线段的垂直线，如图 2-58 所示。

素材文件：第 2 章 \2.3.6 绘制垂直线 .dwg。

（1）打开素材文件，素材图形如图 2-59 所示。从素材图形中可知线段 AC 的水平夹角为无理数，因此不可能通过输入角度的方式来绘制它的垂直线。

（2）在"默认"选项卡中，单击"绘图"面板上的"直线"按钮，命令行提示指定直线的起点。

（3）按住 Shift 键并右击，在弹出的快捷菜单中选择"垂直"选项，如图 2-60 所示。

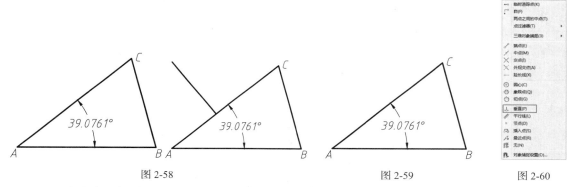

图 2-58　　　　　　　　　　　　图 2-59　　　　　　　　　　图 2-60

（4）将十字光标移至线段 AC 上，可看到出现了垂足点捕捉标记，如图 2-61 所示，在线段 AC 上的任意位置单击。

（5）此时命令行提示指定直线的下一个点，同时可以观察到所绘直线的起点在线段 AC 上可以自由滑动，如图 2-62 所示。

（6）在任意处单击以指定直线的第二个点，即可确定该垂直线的具体长度与位置，最终结果如图 2-63 所示。

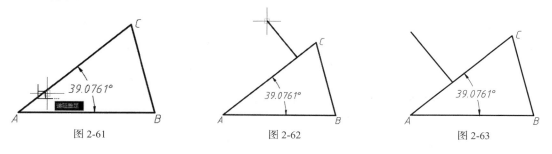

图 2-61　　　　　　　　　图 2-62　　　　　　　　　图 2-63

2.3.7 临时追踪点

临时追踪点是在进行图像编辑前临时建立的一个捕捉点，以供后续绘图参考。在绘图时可通过指定临时追踪点来快速指定起点，而无须借助辅助线。执行"临时追踪点"命令有以下几种方法。

- 快捷操作：按住 Shift 键并右击，在弹出的快捷菜单中选择"临时追踪点"选项。
- 命令行：TT。

执行该命令后，系统提示指定一个临时追踪点，后续操作即以该点为追踪点进行绘制。

2.3.8 自

"自"功能可以帮助用户在正确的位置绘制新对象。当需要指定的点不在任何对象捕捉点上，但在 X、Y 方向上且与现有对象捕捉点的距离已知时，就可以使用"自"功能来进行捕捉。执行"自"命令有以下几种方法。

- 快捷操作：按住 Shift 键并右击，在弹出的快捷菜单中选择"自"选项。
- 命令行：FROM。

执行某个命令来绘制一个对象，如"直线"命令，然后启用"自"功能，此时系统提示需要指定一个基点，指定基点后会提示需要一个偏移点，可以使用相对坐标或者极轴坐标来指定偏移点与基点的位置关系。偏移点将作为直线的起点。

2.3.9 两点之间的中点

"两点之间的中点"命令可以在执行对象捕捉时使用，用以捕捉两定点之间连线的中点。"两点之间的中点"命令使用较为灵活，若熟练掌握，可以快速绘制出众多独特的图形。执行"两点之间的中点"命令有以下几种方法。

- 快捷操作：按住 Shift 键并右击，在弹出的快捷菜单中选择"两点之间的中点"选项。
- 命令行：MTP。

执行该命令后，系统会提示指定第一个点和第二个点，指定完毕后便自动跳转至这两点之间连线的中点上。

2.3.10 点过滤器

点过滤器可以提取一个已有对象的 X 坐标值和另一个已有对象的 Y 坐标值，拼凑出一个新的 (X,Y) 坐标位置。执行"点过滤器"命令有以下几种方法。

- 快捷操作：按住 Shift 键并右击，在弹出的快捷菜单中选择"点过滤器"子菜单中的选项。
- 命令行：输入 .X 或 .Y

执行上述命令后，通过对象捕捉指定一点，输入另外一个坐标值，接着继续执行命令。

2.4 选择图形

对图形进行任何编辑和修改操作的时候，必须先选择图形对象。针对不同的情况，采用最佳的选择方法能大幅提高图形的编辑效率。AutoCAD 2016 提供了多种选择对象的基本方法，如点选、框选、栏选、圈选等。

2.4.1 课堂案例——完善间歇轮图形

学习目标：通过快速选择工具选定现有图形上的对象，然后进行删除操作，从而得到所需的图形。

知识要点：使用 AutoCAD 绘图的过程中，难免会碰到需要对大量图形进行操作的情况，如批量删除、批量改变颜色等。AutoCAD 提供了多种选择方法来让用户应对这一情况，如本例中便可以通过"快速选择"工具来绘制间歇轮图形，如图 2-64 所示。

素材文件：第 2 章 \2.4.1 完善间歇轮图形 .dwg。

（1）启动 AutoCAD 2016，打开素材文件，如图 2-65 所示。

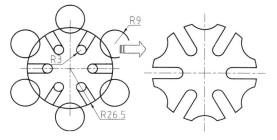

图 2-64

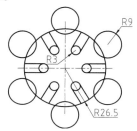

图 2-65

（2）点选图形。单击"修改"面板中的"修剪"按钮，修剪 R9 的圆，如图 2-66 所示。命令行操作如下。

```
命令：_trim
当前设置：投影 =UCS，边 = 无
选择剪切边 ...
选择对象或 < 全部选择 >：找到 1 个              // 选择 R26.5 的圆
选择对象：
选择要修剪的对象，或按住 Shift 键选择要延伸的对象，或
[ 栏选 (F)/ 窗交 (C)/ 投影 (P)/ 边 (E)/ 删除 (R)/ 放弃 (U)]：   // 单击 R9 的圆在 R26.5 圆外的部分
选择要修剪的对象，或按住 Shift 键选择要延伸的对象，或
[ 栏选 (F)/ 窗交 (C)/ 投影 (P)/ 边 (E)/ 删除 (R)/ 放弃 (U)]：   // 继续单击其他 R9 的圆在 R26.5 圆外
的部分
```

（3）窗口选择对象。按住鼠标左键并由右下向左上框选所有图形对象，如图 2-67 所示，然后按住 Shift 键单击 R26.5 的圆以取消选择 R26.5 的圆。

（4）修剪图形。单击"修改"面板中的"修剪"按钮，修剪 R26.5 的圆弧，结果如

图 2-68 所示。

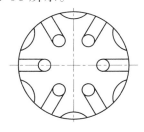

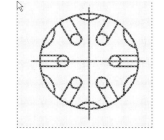

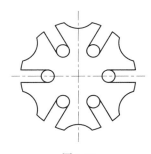

图 2-66   图 2-67   图 2-68

（5）快速选择对象。执行"工具"｜"快速选择"命令，设置"对象类型"为"直线"、"特性"为"图层"、"值"为0，如图 2-69 所示。单击"确定"按钮，选择结果如图 2-70 所示。

（6）修剪图形。单击"修改"面板中的"修剪"按钮，依次单击 R3 的圆，修剪结果如图 2-71 所示。

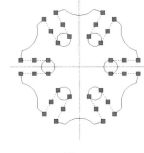

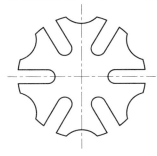

图 2-69   图 2-70   图 2-71

2.4.2　点选

如果选择的是单个图形对象，可以使用点选的方法。直接将十字光标移动到选择对象上方，此时该图形对象会高亮显示，单击该图形对象即可完成单个对象的选择。点选方式一次只能选择一个对象，如图 2-72 所示。连续单击需要选择的对象，可以同时选择多个对象，如图 2-73 所示，高亮显示部分为被选中的部分。

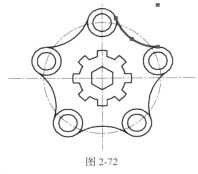

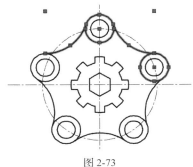

图 2-72   图 2-73

提示

按住 Shift 键并再次单击已经被选中的对象，可以将这些对象从当前选择中删除。按 Esc 键可以取消选择当前全部选中的对象。

如果需要同时选择多个或者大量的对象，使用点选的方法不仅费时费力，而且容易出错。此时，可以使用 AutoCAD 2016 提供的窗口、窗交、栏选等选择方法。

2.4.3　窗口选择

窗口选择是一种通过定义矩形窗口来选择对象的方法。利用该方法选择对象时，先从左往右拖动出矩形窗口，框住需要选择的对象，此时绘图区将出现一个实线的矩形方框，选框内颜色为蓝色，释放十字光标后，被方框完全包围的对象将被选中，高亮显示部分为被选中的部分。按 Delete 键删除选择的对象，结果如图 2-74 所示。

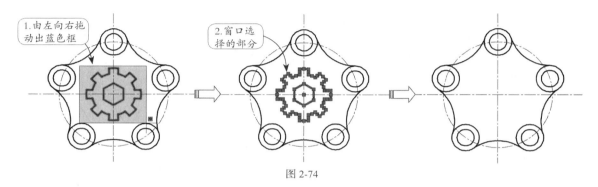

图 2-74

2.4.4　窗交选择

窗交选择对象的方向正好与窗口选择对象的方向相反，它是按住鼠标左键并向左上方或左下方拖动出矩形窗口，框住需要选择的对象，框选时绘图区将出现一个虚线的矩形方框，选框内颜色为绿色，释放十字光标后，与方框相交和被方框完全包围的对象都将被选中，高亮显示部分为被选中的部分。删除选择的对象，结果如图 2-75 所示。

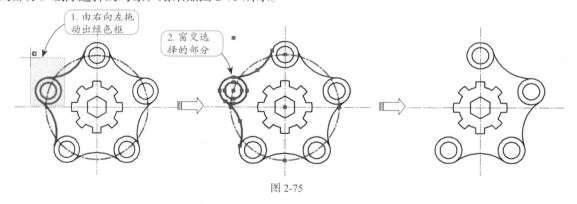

图 2-75

2.4.5　栏选

栏选是指在选择图形时拖动出任意折线，凡是与折线相交的图形对象均被选中，高亮显示部分为被选中的部分。删除选择的对象，结果如图 2-76 所示。

十字光标空置时，在绘图区空白处单击，然后在命令行中输入"F"并按 Enter 键，即可执行"栏选"命令，再根据命令行提示分别指定各栏选点，命令行操作如下。

指定对角点或 [栏选 (F)/圈围 (WP)/圈交 (CP)]：F↙　//选择"栏选"选项

指定第一个栏选点：

指定下一个栏选点或 [放弃(U)]：

使用该方式选择连续性对象非常方便，但栏选线不能封闭或相交。

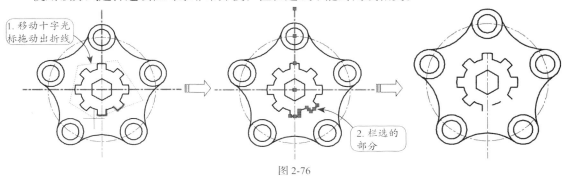

图 2-76

2.4.6　圈围选择

圈围选择是一种多边形窗口选择方式，与窗口选择类似，不同的是圈围选择可以构造任意形状的多边形，被多边形选择框完全包围的对象才能被选中，高亮显示部分为被选中的部分。删除选择的对象，结果如图 2-77 所示。

十字光标空置时，在绘图区空白处单击，然后在命令行中输入"WP"并按 Enter 键，即可执行"圈围"命令，命令行操作如下。

指定对角点或 [栏选 (F)/圈围 (WP)/圈交 (CP)]：WP↙　　　　//选择"圈围"选项

第一圈围点：

指定直线的端点或 [放弃(U)]：

指定直线的端点或 [放弃(U)]：

圈围对象范围确定后，按 Enter 键或空格键确认选择。

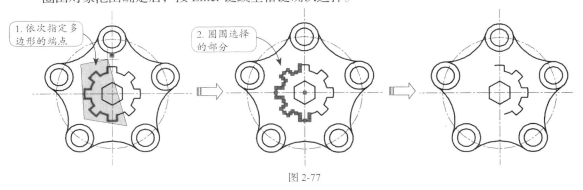

图 2-77

2.4.7　圈交选择

圈交选择是一种多边形窗交选择方式，与窗交选择类似，不同的是圈交选择可以构造任意形状的多边形，它可以绘制任意闭合但不能与选择框自身相交或相切的多边形，选择完毕后可以选择与多边形相交的所有对象，高亮显示部分为被选中的部分。删除选择的对象，结果如图 2-78 所示。

十字光标空置时，在绘图区空白处单击，然后在命令行中输入"CP"并按 Enter 键，即可执行"圈围"命令，命令行操作如下。

指定对角点或 [栏选 (F)/ 圈围 (WP)/ 圈交 (CP)]: CP↙   // 选择"圈交"选项
第一圈围点:
指定直线的端点或 [放弃 (U)]:
指定直线的端点或 [放弃 (U)]:

圈交对象范围确定后，按 Enter 键或空格键确认选择。

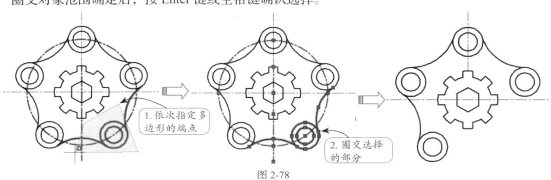

1. 依次指定多
边形的端点

2. 圈交选择
的部分

图 2-78

2.4.8　套索选择

套索选择是 AutoCAD 2016 新增的选择方式，是框选命令的一种延伸，使用方法跟以前版本的"框选"命令类似。当围绕对象拖动十字光标时，将生成不规则的套索选区，使用起来更加人性化。根据拖动方向的不同，套索选择分为"窗口套索"和"窗交套索"两种。

顺时针方向拖动为窗口套索选择，如图 2-79 所示。

逆时针拖动则为窗交套索选择，如图 2-80 所示。

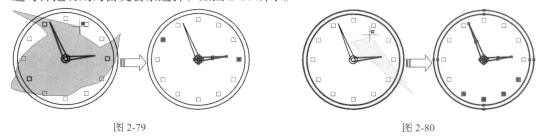

图 2-79   图 2-80

2.4.9　快速选择图形对象

快速选择可以根据对象的图层、线型、颜色、图案填充等特性选择对象，从而使用户可以准确快速地从复杂的图形中选择满足某种特性的图形对象。

执行"工具"|"快速选择"命令，弹出"快速选择"对话框，如图 2-81 所示。用户可以根据要求设置选择范围，单击"确定"按钮，完成选择操作。

如要选择图 2-82 中的圆弧，除了手动选择的方法外，还可以利用快速选择工具来进行选择。执

行"工具"|"快速选择"命令，弹出"快速选择"对话框，在"对象类型"下拉列表框中选择"圆弧"选项，单击"确定"按钮，选择结果如图 2-83 所示。

图 2-81　　　　　　　　　图 2-82　　　　　　　　　图 2-83

2.5 课堂练习——绘制带传动简图

知识要点：带传动是利用张紧在带轮上的柔性带进行运动或动力传递的一种机械传动，如图 2-84 所示。在图形上柔性带一般以公切线的形式横跨在传动轮上，这时就可以借助临时捕捉将十字光标锁定在所需的对象点上，然后绘制出公切线。

素材文件：第 2 章 \2.5 绘制带传动简图 .dwg。

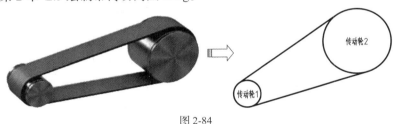

图 2-84

2.6 课后习题——绘制插座符号

知识要点："对象捕捉追踪"命令通常和"对象捕捉"命令一起使用。通过对图形特征点和特征点的延伸辅助线进行捕捉，可以满足绝大多数的图形定位，如绘制电气图中常见的插座符号，如图 2-85 所示。

素材文件：第 2 章 \2.6 绘制插座符号 .dwg。

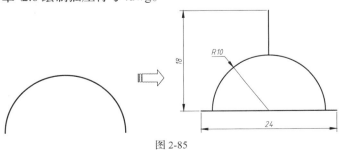

图 2-85

第3章

图形的绘制

本章介绍

　　任何复杂的图形都可以分解成多个基本的二维图形，基本图形包括点、直线、圆、多边形、圆弧和样条曲线等。AutoCAD 2016 为用户提供了丰富的绘图功能，用户可以非常轻松地绘制这些图形。通过本章的学习，用户将会对 AutoCAD 平面图形的绘制方法有一个全面的了解，并能熟练掌握常用的绘图命令。

课堂学习目标

- 掌握点、直线、曲线类图形的绘制方法
- 掌握图案填充方法

3.1　点

点是所有图形中最基本的图形对象之一，可以用来作为捕捉和偏移的参考点。在 AutoCAD 2016 中，可以通过单点、多点、定数等分和定距等分 4 种方法创建点对象。

3.1.1　课堂案例——绘制扇子图形

学习目标：通过将图形对象进行等分，然后捕捉等分点进行连线，绘制出所需的图形。

知识要点："定数等分"是将图形按指定的数量进行等分，因此适用于将圆、圆弧、椭圆、样条曲线等曲线图形进行等分，常用于绘制一些数量明确、形状相似的图形，如扇子、花架等，如图 3-1 所示。

素材文件：第 3 章 \3.1.1 绘制扇子图形 .dwg。

（1）打开素材文件，如图 3-2 所示。

（2）设置点样式。在命令行中输入"DDPTYPE"，执行"点样式"命令，系统弹出"点样式"对话框，选择需要的点样式，如图 3-3 所示。

图 3-1　　　　　　　　　　　　　　　　　　图 3-2

（3）在命令行中输入"DIV"，执行"定数等分"命令，依次选择两条圆弧，输入项目数"20"，按 Enter 键完成定数等分，如图 3-4 所示。

（4）在"默认"选项卡中，单击"绘图"面板中的"直线"按钮，连接绘制两点直线。再在命令行中输入"DDPTYPE"，执行"点样式"命令，将点样式设置为初始点样式，最终效果如图 3-5 所示。

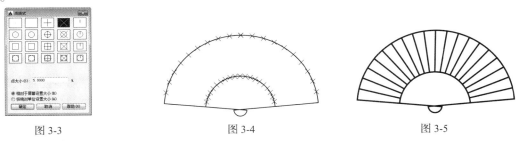

图 3-3　　　　　　　　　　图 3-4　　　　　　　　　　图 3-5

3.1.2　点样式

从理论上来讲，点是没有长度和大小的图形对象。在 AutoCAD 中，系统默认情况下绘制的点显示为一个小圆点，在屏幕中很难看清，因此可以使用"点样式"设置，调整点的外观形状或尺寸大小，以便根据需要，让点显示在图形中。在绘制单点、多点、定数等分点或定距等分点之后，经常需要调整点的显示方式，以便捕捉对象，绘制图形。

执行"点样式"命令有以下几种方法。

- 功能区：单击"默认"选项卡的"实用工具"面板中的"点样式"按钮 ⬚ 点样式..., 如图 3-6 所示。
- 菜单栏：执行"格式"|"点样式"命令。
- 命令行：DDPTYPE。

执行该命令后，将弹出图 3-7 所示的"点样式"对话框，在其中共有 20 种点的显示样式。

图 3-6

图 3-7

对话框中各选项的含义说明如下。

- 点大小：用于设置点的显示大小，与下面的两个选项有关。
- 相对于屏幕设置大小：用于按 AutoCAD 绘图屏幕尺寸的百分比设置点的显示大小。在进行视图缩放操作时，点的显示大小并不会改变，在命令行输入"RE"即可重生成，始终保持与屏幕的相对比例，如图 3-8 所示。
- 按绝对单位设置大小：使用实际单位设置点的大小，与其他的图形元素（如直线、圆等）相同。当进行视图缩放操作时，点的显示大小也会随之改变，如图 3-9 所示。

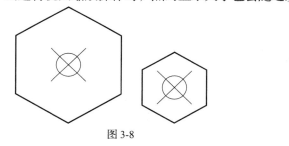

图 3-8

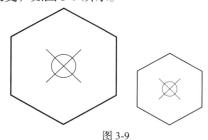

图 3-9

3.1.3　单点和多点

在 AutoCAD 2016 中，点的绘制通常使用"多点"命令来完成，"单点"命令已不太常用。

1. 单点

绘制单点就是执行一次命令只能指定一个点，指定完后自动结束命令。执行"单点"命令有以下几种方法。

- 菜单栏：执行"绘图"|"点"|"单点"命令，如图 3-10 所示。
- 命令行：PONIT 或 PO。

设置好点样式之后，执行"绘图"|"点"|"单点"命令，根据命令行提示，在绘图区任意位置单击，即完成单点的绘制，结果如图 3-11 所示。命令行操作如下。

命令: _point

当前点模式: PDMODE=33 PDSIZE=0.0000

指定点:　　　　 //在任意位置单击以放置点，放置后便自动结束"单点"命令

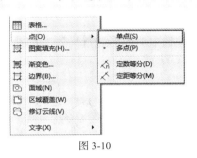

图 3-10

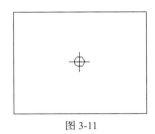

图 3-11

2. 多点

绘制多点就是执行一次命令后可以连续指定多个点，直到按 Esc 键结束命令。执行"多点"命令有以下几种方法。

- 功能区：单击"绘图"面板中的"多点"按钮，如图 3-12 所示。
- 菜单栏：执行"绘图"|"点"|"多点"命令。

设置好点样式之后，单击"绘图"面板中的"多点"按钮，根据命令行提示，在绘图区任意 6 个位置单击，按 Esc 键退出，即可完成多点的绘制，结果如图 3-13 所示。命令行操作如下。

命令: _point

当前点模式: PDMODE=33 PDSIZE=0.0000　　　 //在任意位置单击以放置点

指定点:*取消*　　　　　　　　　　　　 //按Esc键完成多点绘制

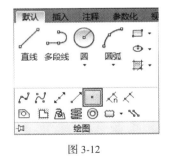

图 3-12

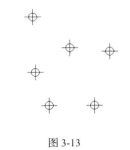

图 3-13

3.1.4 定数等分

"定数等分"命令可以将对象按指定的数量分为等长的多段，并在各等分位置生成点。执行"定数等分"命令有以下几种方法。

- 功能区：单击"绘图"面板中的"定数等分"按钮，如图 3-14 所示。
- 菜单栏：执行"绘图"|"点"|"定数等分"命令。
- 命令行：DIVIDE 或 DIV。

执行"定数等分"命令后，命令行的操作如下。

命令：_divide　　　　　　　//执行"定数等分"命令
选择要定数等分的对象：　　//选择要等分的对象，可以是直线、圆、圆弧、样条曲线、多段线等
输入线段数目或［块(B)］：　//输入要等分的段数

命令行中各选项的含义说明如下。

• 输入线段数目：该选项为默认选项，输入数字即可将被选中的图形进行平分，如图 3-15 所示。
• 块：该选项可以在等分点处生成用户指定的块，如图 3-16 所示。

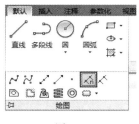　　　　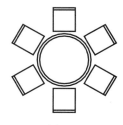

图 3-14　　　　　　　　　图 3-15　　　　　　　　　图 3-16

提示

在命令操作过程中，命令行有时会出现"输入线段数目或［块(B)]："这样的提示，其中的英文字母如"B"等，是执行各选项命令的输入字符。如果要执行"块（B）"选项，那只需在该命令行中输入"B"即可。

3.1.5　定距等分

"定距等分"命令可以将对象分为长度为指定值的多段，并在各等分位置生成点。执行"定距等分"命令有以下几种方法。

• 功能区：单击"绘图"面板中的"定距等分"按钮，如图 3-17 所示。
• 菜单栏：执行"绘图"|"点"|"定距等分"命令。
• 命令行：MEASURE 或 ME。

执行"定距等分"命令后，命令行操作如下。

命令：_measure　　　　　　//执行"定距等分"命令
选择要定距等分的对象：　　//选择要等分的对象，可以是直线、圆、圆弧、样条曲线、多段线等
指定线段长度或［块(B)］：　//输入要等分的单段长度

命令行中各选项的含义说明如下。

• 指定线段长度：该选项为默认选项，输入的数字即为分段的长度，如图 3-18 所示。
• 块：该选项可以在等分点处生成用户指定的块。

图 3-17　　　　　　　　　图 3-18

3.2 直线类图形

直线类图形是 AutoCAD 中最基本的图形对象之一，在 AutoCAD 中，根据用途的不同，可以将线分为直线、射线、构造线、多段线和多线等。不同的直线对象具有不同的特性，下面进行详细讲解。

3.2.1 课堂案例——绘制角平分线

学习目标：通过创造辅助线来创建出最终的图形。

知识要点：在 AutoCAD 中，使用构造线来绘制角平分线是最快速也是最方便的方法，使用其他命令来进行绘制只能是事倍功半。如本例中长度为 16 的线段，只能通过创建角平分线，然后向两侧偏置的方法进行绘制，不然无法得到正确的图形，如图 3-19 所示。

（1）绘制一条长度为 80 的线段，接着以线段右端为圆心，绘制一个半径为 50 的圆，如图 3-20 所示。

（2）输入"L"执行"直线"命令，以直线段左端为起点，然后按住 Shift 键并右击，在弹出的快捷菜单中选择"切点"选项，如图 3-21 所示。

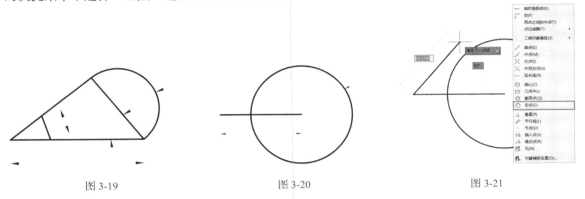

图 3-19   图 3-20   图 3-21

（3）接着将十字光标移到大圆上，出现切点捕捉标记，在此位置单击，即可绘制与圆的切线，如图 3-22 所示。

（4）输入"L"执行"直线"命令，连接圆心和切点 1，如图 3-23 所示。

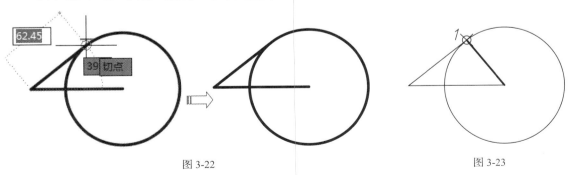

图 3-22   图 3-23

（5）输入"A"执行"圆弧"命令，以上一步中所绘制的线段的中点为圆心，绘制半圆，如图 3-24 所示。

（6）输入"E"执行"删除"命令，将图中多余的线条修剪掉，如图 3-25 所示。

（7）绘制角平分线。输入"XL"执行"构造线"命令，接着输入"B"，选择角顶点 *3*，然后选择点 *1* 和点 *2*，即可得到图 3-26 所示的角平分线。

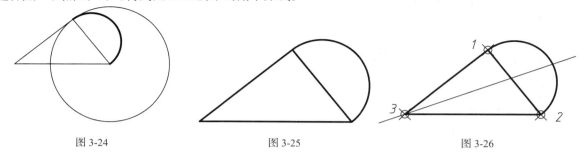

图 3-24   图 3-25   图 3-26

（8）输入"O"执行"偏移"命令，将平分线向上和向下平移 8，如图 3-27 所示。

（9）输入"L"执行"直线"命令，连接点 4 和点 5，如图 3-28 所示。

（10）输入"E"执行"删除"命令，删除图中多余的线条。最终图形效果如图 3-29 所示。

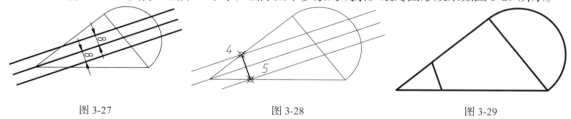

图 3-27   图 3-28   图 3-29

3.2.2 直线

直线是绘图中最常用的图形对象，只要指定了起点和终点，就可以绘制出一条直线。执行"直线"命令有以下几种方法。

- 功能区：单击"绘图"面板中的"直线"按钮。
- 菜单栏：执行"绘图"|"直线"命令。
- 命令行：LINE 或 L。

执行"直线"命令后，命令行的操作如下。

```
命令: _line              //执行"直线"命令
指定第一个点:             //输入直线段的起点、指定点或在命令行中输入点的坐标
指定下一点或 [放弃(U)]:   //输入直线段的端点，也可以指定一定角度后，直接输入
                          直线的长度
指定下一点或 [放弃(U)]:   //输入下一直线段的端点。输入"U"表示放弃之前的输入
指定下一点或 [闭合(C)/放弃(U)]: //输入下一直线段的端点。输入"C"使图形闭合，或按 Enter 键结
                          束命令
```

命令行中各选项的含义说明如下。

- 指定下一点：当命令行提示"指定下一点"时，用户可以指定多个端点，从而绘制出多条直线段。但每一段直线又都是一个独立的对象，可以对其进行单独的编辑操作，如图 3-30 所示。

- 闭合：绘制两条以上直线段后，命令行会出现"闭合"选项。此时如果输入"C"，则系统会自动连接直线命令的起点和最后一个端点，从而绘制出封闭的图形，如图 3-31 所示。
- 放弃：命令行出现"放弃"选项时，如果输入"U"，则会擦除最近一次绘制的直线段，如图 3-32 所示。

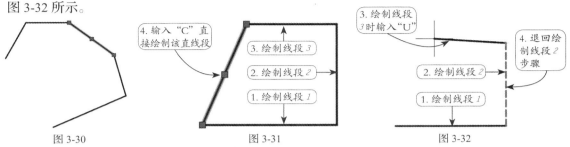

图 3-30   图 3-31   图 3-32

3.2.3 射线

射线是一端固定而另一端无限延伸的直线，它只有起点和方向，没有终点。射线在 AutoCAD 中使用较少，通常用来作为辅助线，尤其在机械制图中可以作为三视图的投影线使用。执行"射线"命令有以下几种方法。

- 功能区：单击"绘图"面板中的"射线"按钮 ⚟。
- 菜单栏：执行"绘图" | "射线"命令。
- 命令行：RAY。

执行"射线"命令后，就可以在绘图区指定起点和通过点来创建射线。如不退出命令，就可以连续指定多个通过点，从而绘制起点为公共点的多条射线，如图 3-33 所示。命令行操作如下。

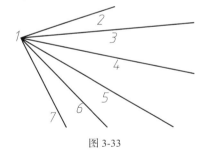

命令：_ray　　　　　　　//执行"射线"命令
指定起点：　　　　　　　//输入射线的起点1，可以用鼠标指定点
　　　　　　　　　　　　　或在命令行中输入点的坐标
指定通过点：　　　　　　//输入通过点坐标或在绘图区指定通过
　　　　　　　　　　　　　点2、3、4、5等
指定通过点（或结束）：//继续绘制射线或者按Enter键结束命令

图 3-33

3.2.4 构造线

构造线是两端无限延伸的直线，没有起点和终点，主要用于绘制辅助线和修剪边界，在建筑设计中常作为辅助线使用，在机械设计中也可作为轴线使用。构造线只需指定两个点即可确定位置和方向。

- 执行"构造线"命令有以下几种方法。
- 功能区：单击"绘图"面板中的"构造线"按钮 ⚟。
- 菜单栏：执行"绘图" | "构造线"命令。
- 命令行：XLINE 或 XL。

执行"构造线"命令后，命令行的操作如下。

```
命令: _xline                                        //执行"构造线"命令
指定点或 [水平(H)/垂直(V)/角度(A)/二等分(B)/偏移(O)]:   //输入第一个点
指定通过点:                                          //输入第二个点
指定通过点:                                          //继续输入点可以继续画线, 按 Enter 键
                                                      结束命令
```

命令行中各选项的含义说明如下。

- 水平、垂直: 选择"水平"或"垂直"选项, 可以绘制水平或垂直的构造线, 如图 3-34 所示, 命令行操作如下。

```
命令: _xline
指定点或 [水平(H)/垂直(V)/角度(A)/二等分(B)/偏移
    (O)]: h        //输入h或v
指定通过点:         //指定通过点, 绘制水平或垂直构造线
```

图 3-34

- 角度: 选择"角度"选项, 可以绘制用户所输入角度的构造线, 如图 3-35 所示, 命令行操作如下。

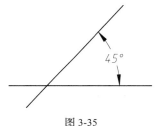

```
命令: _xline
指定点或 [水平(H)/垂直(V)/角度(A)/二等分(B)/偏移
    (O)]: a        //输入a, 选择"角度"选项
输入构造线的角度(O)或 [参照(R)]: 45
                   //输入构造线的角度
指定通过点:         //指定通过点, 绘制角度构造线
```

图 3-35

- 二等分: 选择"二等分"选项, 可以绘制两条相交直线的角平分线, 如图 3-36 所示, 命令行操作如下。绘制角平分线时, 使用捕捉功能依次拾取顶点 O、起点 A 和端点 B 即可（A、B 可为直线上除点 O 外的任意点）。

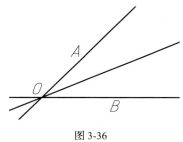

```
命令: _xline
指定点或 [水平(H)/垂直(V)/角度(A)/二等分(B)/偏移
    (O)]: b        //输入b, 选择"二等分"选项
指定角的顶点:       //选择点O
指定角的起点:       //选择点A
指定角的端点:       //选择点B
```

图 3-36

- 偏移: 选择"偏移"选项, 可以由已有直线偏移出平行线, 如图 3-37 所示, 命令行操作如下。该选项的功能类似于"偏移"命令（详见第 4 章）, 通过输入偏移距离和选择要偏移的直线来绘制与该直线平行的构造线。

图 3-37

命令: _xline
指定点或 [水平(H)/垂直(V)/角度(A)/二等分(B)/偏移(O)]: o
　　　　　　　　　　　　　//输入O，选择"偏移"选项
指定偏移距离或 [通过(T)]<10.0000>: 16
　　　　　　　　　　　　　//输入偏移距离
选择直线对象:　　　　　　//选择偏移的对象
指定向哪侧偏移:　　　　　//指定偏移的方向

3.2.5　多段线

使用"多段线"命令可以生成由若干条直线和圆弧首尾连接形成的复合线实体。所谓复合对象，是指所有图形组成了一个整体，单击时会选择整个图形，不能进行选择性编辑。直线与多段线的选择效果对比如图 3-38 所示。

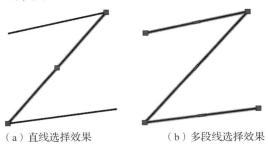

（a）直线选择效果　　　　　　　（b）多段线选择效果

图 3-38

如果需要绘制一段连续的直线，并便于以后编辑，可以使用"多段线"命令。多段线所构成的图形始终是一个单独的整体，执行"多段线"命令有以下几种方法。

- 功能区：单击"绘图"面板中的"多段线"按钮 。
- 菜单栏：执行"绘图"|"多段线"命令。
- 命令行：PLINE 或 PL。

执行"多段线"命令后，用户可以通过输入坐标值来决定多段线的起点，然后指定任意位置或输入坐标值决定端点位置来绘制多段线。多段线下一段的起点也就是上一段的终点，如此循环直到用户结束命令。依次指定点 1、2、3、4 来绘制多段线，如图 3-39 所示，命令行操作如下。

命令: _pline　　　　　//执行"多段线"命令
指定起点:　　　　　　//在绘图区中任意指定一个点为起点1，由临时的加号标记显示
当前线宽为 0.0000　　//显示当前线宽
指定下一个点或 [圆弧(A)/半宽(H)/长度(L)/放弃(U)/宽度(W)]:　　//指定多段线的端点2
指定下一点或 [圆弧(A)/闭合(C)/半宽(H)/长度(L)/放弃(U)/宽度(W)]:　　//指定多段线的端点3
指定下一点或 [圆弧(A)/闭合(C)/半宽(H)/长度(L)/放弃(U)/宽度(W)]:　　//指定端点4或按 Enter 键结束

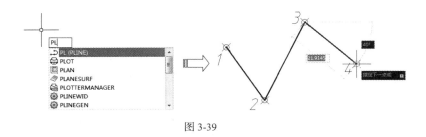

图 3-39

3.2.6 多线

在室内设计图纸中，常使用"多线"命令来绘制墙体和窗线。多线的绘制方法和直线的绘制方法相似，区别在于多线只能绘制由直线段组成的平行线，而不能绘制弧形的平行线。绘制的每一条多线都是一个整体，不能对其进行偏移、倒角、延伸和剪切等编辑操作。执行"多线"命令有以下几种方法。

- 菜单栏：执行"绘图"|"多线"命令。
- 命令行：MLINE 或 ML。

如绘制室内设计图纸中常用的 240 墙线的具体操作步骤如下。

执行"多线"命令后，输入"S"并按 Enter 键，输入多线比例"240"并按 Enter 键，输入"J"（对正）并按 Enter 键，输入"Z"（无）并按 Enter 键，最后在绘图区指定起点和通过点以绘制多线图形，如图 3-40 所示，命令行操作如下。

```
命令: _mline                                    //执行"多线"命令
当前设置: 对正 = 上, 比例 = 20.00, 样式 = STANDARD   //显示当前的多线设置
指定起点或 [对正(J)/比例(S)/样式(ST)]: S↙         //选择"比例"选项
输入多线比例 <20.00>: 240↙                       //输入多线比例"240"
当前设置: 对正 = 上, 比例 = 240.00, 样式 = STANDARD  //显示当前的多线设置
指定起点或 [对正(J)/比例(S)/样式(ST)]: J↙          //选择"对正"选项
输入对正类型 [上(T)/无(Z)/下(B)] <上>: Z↙          //选择"无"选项, 确定对正方式
当前设置: 对正 = 无, 比例 = 240.00, 样式 = STANDARD  
指定起点或 [对正(J)/比例(S)/样式(ST)]:             //指定起点
指定下一点或 [放弃(U)]:                           //指定下一个点
指定下一点或 [闭合(C)/放弃(U)]:                    //指定下一段多线的端点或按
                                                 Enter 键结束
```

要结束多线绘制，可按空格键、Enter 键或 Esc 键，或右击空白处，在弹出的快捷菜单中选择"确认"选项。

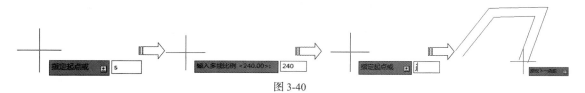

图 3-40

3.3 圆、圆弧类图形

在 AutoCAD 中，圆、圆弧、椭圆、椭圆弧和圆环都属于圆类或圆弧图形，其绘制方法相对于直线对象较复杂，下面分别对其进行讲解。

3.3.1 课堂案例——完善零件图形

学习目标：通过圆和圆弧的各种细分命令，在现有图形的基础之上补全细节，然后分步编辑、删减图形，得到最终的图形。

知识要点：圆和圆弧除了作为图形本身之外，还可以用作辅助线来绘制一些细节，本例便使用"圆"命令绘制一个机械零件平面图形，如图 3-41 所示。

素材文件：第 3 章 \3.3.1 完善零件图形 .dwg。

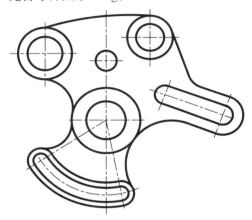

图 3-41

（1）打开素材文件，其中有一个残缺的零件图形，如图 3-42 所示。

（2）在"默认"选项卡中，单击"绘图"面板中的"圆"按钮 ⊙，选择"圆心、半径"选项，以右侧中心线的交点为圆心，绘制一个半径为 8 的圆形，如图 3-43 所示。

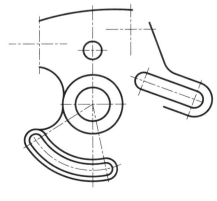

图 3-42

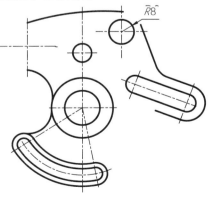

图 3-43

（3）重复执行"圆"命令，选择"圆心、直径"选项，以左侧中心线的交点为圆心，绘制一个直径为 20 的圆形，如图 3-44 所示。

（4）重复执行"圆"命令，选择"两点"选项，分别捕捉两条圆弧的端点 *1*、*2*，绘制效果如图 3-45 所示。

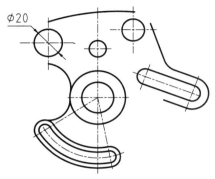

图 3-44

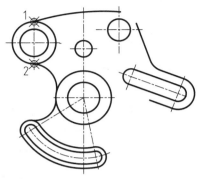

图 3-45

（5）重复执行"圆"命令，选择"相切、相切、半径"选项，捕捉与圆相切的两个切点 *3*、*4*，输入半径"13"，按 Enter 键确认，绘制效果如图 3-46 所示。

（6）重复执行"圆"命令，选择"相切、相切、相切"选项，捕捉与圆相切的 3 个切点 *5*、*6*、*7*，绘制效果如图 3-47 所示。

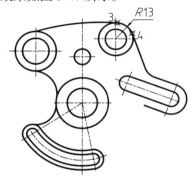

图 3-46

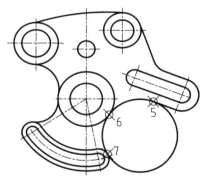

图 3-47

（7）在命令行中输入"TR"，执行"修剪"命令，剪切多余弧线，最终效果如图 3-48 所示。

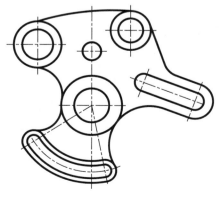

图 3-48

3.3.2 圆

圆也是绘图中常用的图形对象，它的执行方式与功能选项也非常丰富。执行"圆"命令有以下几种方法。

- 功能区：单击"绘图"面板中的"圆"按钮◎。
- 菜单栏：执行"绘图"|"圆"命令，然后在菜单中选择一种绘制圆的方法。
- 命令行：CIRCLE 或 C。

在"绘图"面板的"圆"下拉列表中提供了 6 种绘制圆的选项，各选项的含义如下。

- 圆心、半径：通过指定圆心和半径值的方式绘制圆，如图 3-49 所示，为默认的执行方式，命令行操作如下。

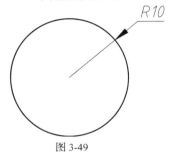

图 3-49

```
命令：C↵
CIRCLE指定圆的圆心或[三点(3P)/两点(2P)/切点、切点、半径
(T)]:                          //输入坐标或单击以确定圆心
指定圆的半径或[直径(D)]: 10↵   //输入半径值，也可以输入相
                                 对于圆心的相对坐标，确定圆
                                 周上一个点
```

- 圆心、直径：通过指定圆心和直径值的方式绘制圆，如图 3-50 所示，命令行操作如下。

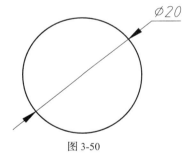

图 3-50

```
命令：C↵
CIRCLE指定圆的圆心或[三点(3P)/两点(2P)/切点、切点、半径
(T)]:                              //输入坐标或单击以确定圆心
指定圆的半径或[直径(D)<80.1736>]: D↵   //选择直径选项
指定圆的直径<200.00>: 20↵          //输入直径值
```

- 两点：通过两点绘制圆，实际上是以这两点的连线为直径，以两点连线的中点为圆心来绘制圆。系统会提示指定圆直径的第一个端点和第二个端点，如图 3-51 所示，命令行操作如下。

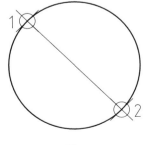

图 3-51

```
命令：C↵
CIRCLE指定圆的圆心或[三点(3P)/两点(2P)/切点、切点、半径(T)]:
2P↵                          //选择"两点"选项
指定圆直径的第一个端点：      //输入坐标或单击以确定直径第一个端点1
指定圆直径的第二个端点：      //单击以确定直径第二个端点2，或输入相
                               对于第一个端点的相对坐标
```

- 三点：通过 3 点绘制圆，实际上是绘制这 3 点确定的三角形的唯一的外接圆。系统会提示指定圆上的第一个点、第二个点和第三个点，如图 3-52 所示，命令行操作如下。

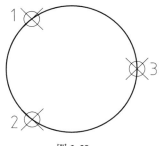

图 3-52

命令：C↙
CIRCLE指定圆的圆心或[三点(3P)/两点(2P)/切点、切点、半径(T)]：
3P↙   //选择"三点"选项
指定圆上的第一个点：   //单击以确定点1
指定圆上的第二个点：   //单击以确定点2
指定圆上的第三个点：   //单击以确定点3

- 相切、相切、半径：如果已经存在两个图形对象，再确定圆的半径值，就可以绘制出与这两个图形对象相切的圆。系统会提示指定圆的第一个切点和第二个切点及圆的半径值，如图 3-53 所示，命令行操作如下。

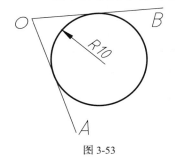

图 3-53

命令：_circle
指定圆的圆心或[三点(3P)/两点(2P)/切点、切点、半径
(T)]：T   //选择"切点、切点、半径"选项
指定对象与圆的第一个切点：   //单击直线OA上任意一个点
指定对象与圆的第二个切点：   //单击直线OB上任意一个点
指定圆的半径：10   //输入半径值

- 相切、相切、相切：选择 3 条切线来绘制圆，可以绘制出与 3 个图形对象相切的圆。系统会提示指定圆上的第一个点、第二个点和第三个点，如图 3-54 所示，命令行操作如下。

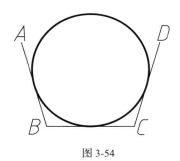

图 3-54

命令：_circle
指定圆的圆心或[三点(3P)/两点(2P)/切点、切点、半径(T)]：_3p
                              //单击面板中的"相切、相切、相切"按钮
指定圆上的第一个点：_tan 到   //单击直线AB上任意一个点
指定圆上的第二个点：_tan 到   //单击直线BC上任意一个点
指定圆上的第三个点：_tan 到   //单击直线CD上任意一个点

3.3.3　圆弧

圆弧即圆的一部分，在技术制图中，经常需要用圆弧来光滑连接已知的直线或曲线。执行"圆弧"命令有以下几种方法。

- 功能区：单击"绘图"面板中的"圆弧"按钮 。
- 菜单栏：执行"绘图"|"圆弧"命令。
- 命令行：ARC 或 A。

执行该命令后，命令行提示如下。

命令：_arc   //执行"圆弧"命令
指定圆弧的起点或[圆心(C)]:   //指定圆弧的起点
指定圆弧的第二个点或[圆心(C)/端点(E)]:   //指定圆弧的第二个点
指定圆弧的端点: //指定圆弧的端点

在"绘图"面板的圆弧下拉列表中提供了 11 种绘制圆弧的选项，各选项的含义如下。

• 三点：通过指定圆弧上的起点、通过的第二个点和端点来绘制圆弧，如图 3-55 所示，命令行
  操作如下。

命令：_arc
指定圆弧的起点或[圆心(C)]:   //指定圆弧的起点1
指定圆弧的第二个点或[圆心(C)/端点(E)]:   //指定点2
指定圆弧的端点: //指定点3

图 3-55

• 起点、圆心、端点：通过指定圆弧的起点、圆心、端点来绘制圆弧，如图 3-56 所示，命令行
  操作如下。

命令：_arc
指定圆弧的起点或[圆心(C)]:   //指定圆弧的起点1
指定圆弧的第二个点或 [圆心(C)/端点(E)]: _c
                                              //系统自动选择
指定圆弧的圆心: //指定圆弧的圆心2
指定圆弧的端点(按住Ctrl键以切换方向)或[角度(A)/弦长(L)]:
                                              //指定圆弧的端点3

图 3-56

• 起点、圆心、角度：通过指定圆弧的起点、圆心、夹角角度值来绘制圆弧，执行此命令时会
  出现"指定夹角"的提示。在输入角度值时，如果当前环境设置逆时针方向为角度正方向，
  且输入的角度值为正数时，则会从起点绕圆心沿逆时针方向绘制圆弧，反之则沿顺时针方向
  绘制圆弧，如图 3-57 所示，命令行操作如下。

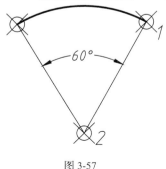

命令：_arc
指定圆弧的起点或[圆心(C)]:   //指定圆弧的起点1
指定圆弧的第二个点或[圆心(C)/端点(E)]: _c //系统自动选择
指定圆弧的圆心: //指定圆弧的圆心2
指定圆弧的端点(按住Ctrl键以切换方向)或[角度(A)/弦长(L)]: _a
                                              //系统自动选择
指定夹角(按住Ctrl键以切换方向): 60   //输入圆弧夹角角度值

图 3-57

- 起点、圆心、长度：通过指定圆弧的起点、圆心、弦长来绘制圆弧，如图 3-58 所示，命令行操作如下。另外，在命令行提示"指定弦长"时，如果所输入的值为负数，则该值的绝对值将作为对应整圆的空缺部分的圆弧的弦长。

命令：_arc

指定圆弧的起点或[圆心(C)]:   //指定圆弧的起点1

指定圆弧的第二个点或[圆心(C)/端点(E)]:_c   //系统自动选择

指定圆弧的圆心: //指定圆弧的圆心2

指定圆弧的端点(按住Ctrl键以切换方向)或[角度(A)/弦长(L)]:_l

//系统自动选择

指定弦长(按住 Ctrl 键以切换方向)：10   //输入弦长值

图 3-58

- 起点、端点、角度：通过指定圆弧的起点、端点、夹角角度值来绘制圆弧，如图 3-59 所示，命令行操作如下。

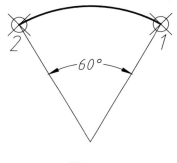

命令：_arc

指定圆弧的起点或[圆心(C)]:   //指定圆弧的起点1

指定圆弧的第二个点或[圆心(C)/端点(E)]:_e //系统自动选择

指定圆弧的端点: //指定圆弧的端点2

指定圆弧的中心点(按住Ctrl键以切换方向)或[角度(A)/方向(D)/半径(R)]:_a   //系统自动选择

指定夹角(按住Ctrl键以切换方向)：60   //输入圆弧夹角角度值

图 3-59

- 起点、端点、方向：通过指定圆弧的起点、端点和圆弧起点的相切方向来绘制圆弧，如图 3-60 所示，命令行操作如下。命令执行过程中会出现"指定圆弧起点的相切方向"提示信息，此时需要拖动十字光标动态地确定圆弧起始点处的切线方向。拖动十字光标时，系统会在当前十字光标与圆弧起始点之间形成一条线，即为圆弧在起始点处的切线。确定切线方向后，单击即可得到相应的圆弧。

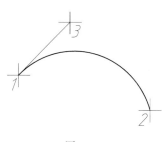

命令：_arc

指定圆弧的起点或[圆心(C)]:   //指定圆弧的起点1

指定圆弧的第二个点或[圆心(C)/端点(E)]:_e   //系统自动选择

指定圆弧的端点: //指定圆弧的端点2

指定圆弧的中心点(按住Ctrl键以切换方向)或[角度(A)/方向(D)/半径(R)]:_d   //系统自动选择

指定圆弧起点的相切方向(按住Ctrl键以切换方向)：

//指定点3以确定方向

图 3-60

- 起点、端点、半径：通过指定圆弧的起点、端点和圆弧半径值来绘制圆弧，如图 3-61 所示，命令行操作如下。

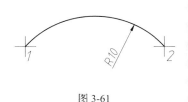

图 3-61

```
命令: _arc
指定圆弧的起点或[圆心(C)]:                      //指定圆弧的起点1
指定圆弧的第二个点或[圆心(C)/端点(E)]: _e         //系统自动选择
指定圆弧的端点:                                //指定圆弧的端点2
指定圆弧的中心点(按住Ctrl键以切换方向)或 [角度(A)/方向(D)/半径
(R)]: _r                                     //系统自动选择
指定圆弧的半径(按住Ctrl键以切换方向): 10        //输入圆弧的半径值
```

- 圆心、起点、端点：通过指定圆弧的圆心、起点、端点来绘制圆弧，如图 3-62 所示，命令行操作如下。

图 3-62

```
命令: _arc
指定圆弧的起点或[圆心(C)]: _c                  //系统自动选择
指定圆弧的圆心:                               //指定圆弧的圆心1
指定圆弧的起点:                               //指定圆弧的起点2
指定圆弧的端点(按住Ctrl键以切换方向)或[角度(A)/弦长(L)]:
                                           //指定圆弧的端点3
```

- 圆心、起点、角度：通过指定圆弧的圆心、起点、夹角角度值来绘制圆弧，如图 3-63 所示，命令行操作如下。

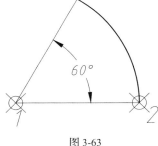

图 3-63

```
命令: _arc
指定圆弧的起点或[圆心(C)]: _c                  //系统自动选择
指定圆弧的圆心:                               //指定圆弧的圆心1
指定圆弧的起点:                               //指定圆弧的起点2
指定圆弧的端点(按住Ctrl键以切换方向)或[角度(A)/弦长(L)]: _a
                                           //系统自动选择
指定夹角(按住Ctrl键以切换方向): 60            //输入圆弧的夹角角度值
```

- 圆心、起点、长度：通过指定圆弧的圆心、起点、弦长值来绘制圆弧，如图 3-64 所示，命令行操作如下。

图 3-64

```
命令: _arc
指定圆弧的起点或[圆心(C)]: _c                  //系统自动选择
指定圆弧的圆心:                               //指定圆弧的圆心1
指定圆弧的起点:                               //指定圆弧的起点2
指定圆弧的端点(按住Ctrl键以切换方向)或[角度(A)/弦长(L)]: _l
                                           //系统自动选择
指定弦长(按住Ctrl键以切换方向): 10   //输入弦长值
```

- 继续：绘制其他直线与非封闭曲线后执行"绘图"|"圆弧"|"继续"命令，系统将自动以刚才绘制的对象的终点作为即将绘制的圆弧的起点。

3.3.4 椭圆

椭圆是到两定点（焦点）的距离之和为定值的所有点的集合，与圆相比，椭圆的半径长度不一，形状由定义其长度和宽度的两条轴决定，较长的称为"长轴"，较短的称为"短轴"，如图 3-65 所示。在建筑绘图中，很多图形都是椭圆形的，如地面拼花、室内吊顶造型等，在机械制图中一般也用椭圆来绘制轴测图上的圆。

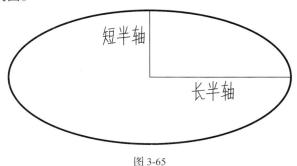

图 3-65

在 AutoCAD 2016 中执行"椭圆"命令有以下几种方法。

- 功能区：单击"绘图"面板中的"椭圆"按钮，然后单击"圆心"按钮或"轴，端点"按钮，如图 3-66 所示。
- 菜单栏：执行"绘图"|"椭圆"命令，如图 3-67 所示。
- 命令行：ELLIPSE 或 EL。

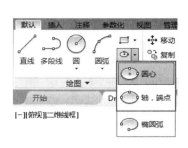

图 3-66　　　　　　　　　　　　　　　　图 3-67

执行"椭圆"命令后，命令行操作如下。

```
命令：_ellipse                          //执行"椭圆"命令
指定椭圆的轴端点或[圆弧(A)/中心点(C)]：_c   //系统自动选择绘制对象为椭圆
指定椭圆的中心点：                        //在绘图区中指定椭圆的中心点
```

指定轴的端点：   //在绘图区中指定端点

指定另一条半轴长度或 [旋转(R)]：   //在绘图区中指定一个点或输入数值

在"绘图"面板的"椭圆"下拉列表中有"圆心" ⊙ 和"轴、端点" ⊙ 两个选项，各选项含义的介绍如下。

- 圆心 ⊙：通过指定椭圆的中心点、一条轴的一个端点及另一条轴的半轴长度值来绘制椭圆，如图 3-68 所示，命令行操作如下，此选项即命令行中的"中心点"选项。

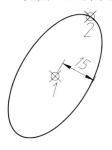

命令：_ellipse   //执行"椭圆"命令

指定椭圆的轴端点或[圆弧(A)/中心点(C)]：_c

                                  //系统自动选择椭圆的绘制方法

指定椭圆的中心点：   //指定中心点1

指定轴的端点：   //指定轴端点2

指定另一条半轴长度或[旋转(R)]:15↙ //输入另一半轴的长度值

图 3-68

- 轴、端点 ⊙：通过指定椭圆一条轴的两个端点及另一条轴的半轴长度值来绘制椭圆，如图 3-69 所示，命令行操作如下，此选项即命令行中的"圆弧"选项。

命令：_ellipse   //执行"椭圆"命令

指定椭圆的轴端点或[圆弧(A)/中心点(C)]： //指定点1

指定轴的另一个端点：   //指定点2

指定另一条半轴长度或[旋转(R)]: 15↙   //输入另一半轴的长度值

图 3-69

3.3.5 椭圆弧

椭圆弧是椭圆的一部分。绘制椭圆弧需要确定的参数有椭圆弧所在椭圆的两条轴及椭圆弧的起点和终点的角度值。执行"椭圆弧"命令有以下几种方法。

- 功能区：单击"绘图"面板中的"椭圆弧"按钮 ⊙。
- 菜单栏：执行"绘图"|"椭圆"|"圆弧"命令。

执行"椭圆弧"命令后，命令行操作如下。

命令：_ellipse   //执行"椭圆弧"命令

指定椭圆的轴端点或[圆弧(A)/中心点(C)]：_a   //系统自动选择绘制对象为椭圆弧

指定椭圆弧的轴端点或[中心点(C)]：   //在绘图区指定椭圆一条轴的端点

指定轴的另一个端点：   //在绘图区指定该轴的另一个端点

指定另一条半轴长度或[旋转(R)]：   //在绘图区中指定一个点或输入数值

指定起点角度或[参数(P)]:	//在绘图区中指定一个点或输入椭圆弧的起始角度值
指定端点角度或 [参数(P)/夹角(I)]:	//在绘图区中指定一个点或输入椭圆弧的终止角度值

　　"椭圆弧"命令中各选项含义与"椭圆"命令一致，只有在指定另一条半轴长度后，会提示指定起点角度与端点角度来确定椭圆弧的大小，这时有 3 种指定方法，即"角度""参数""夹角"，分别介绍如下。

- 角度：输入起点与端点角度值来确定椭圆弧，角度值以椭圆轴中较长的一条为基准进行确定，如图 3-70 所示，命令行操作如下。

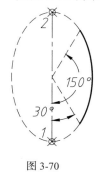

图 3-70

命令: _ellipse	//执行"椭圆弧"命令
指定椭圆的轴端点或[圆弧(A)/中心点(C)]: _a	
	//系统自动选择绘制椭圆弧
指定椭圆弧的轴端点或[中心点(C)]:	//指定轴端点1
指定轴的另一个端点:	//指定轴端点2
指定另一条半轴长度或[旋转(R)]: 6↙	//输入另一半轴的长度
指定起点角度或[参数(P)]: 30↙	//输入起始角度值
指定端点角度或[参数(P)/夹角(I)]: 150↙	//输入终止角度值

- 参数：用参数化矢量方程式 $P(n)=c+a \times \cos(n)+b \times \sin(n)$ 定义椭圆弧的端点角度，其中 n 是用户输入的参数；c 是椭圆弧的半焦距；a 和 b 分别是椭圆长轴与短轴的半轴长。使用"起点参数"选项可以将"角度"模式切换为"参数"模式，模式用于控制计算椭圆的方法。

- 夹角：指定椭圆弧的起点角度后，可选择该选项，然后输入夹角角度值来确定圆弧，如图 3-71 所示。值得注意的是，89.4° 到 90.6° 之间的夹角值无效，因为此时椭圆将显示为一条直线，如图 3-72 所示。这些角度值的倍数将每隔 90° 产生一次镜像效果。

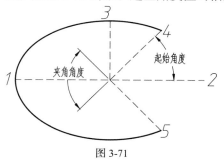

图 3-71

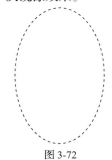

图 3-72

3.3.6　圆环

　　圆环是由同一圆心、不同直径的两个圆组成的，控制圆环的参数是圆心、内直径和外直径。圆环可分为"填充环"（两个圆形中间的面积被填充，可用于绘制电路图中的各接点）和"实体填充圆"（圆环的内直径值为 0，可用于绘制各种标识）。圆环的典型示例如图 3-73 所示。

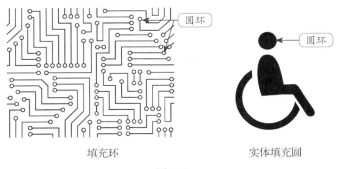

填充环   实体填充圆

图 3-73

执行"圆环"命令有以下几种方法。

• 功能区：在"默认"选项卡中，单击"绘图"面板中的"圆环"按钮◎。
• 菜单栏：执行"绘图"|"圆环"命令。
• 命令行：DONUT 或 DO。

执行"圆环"命令后，命令行操作如下。

命令: _donut	//执行"圆环"命令
指定圆环的内径 <0.5000>:10↵	//指定圆环内径
指定圆环的外径 <1.0000>:20↵	//指定圆环外径
指定圆环的中心点或 <退出>:	//在绘图区中指定一个点放置圆环，放置位置为圆心
指定圆环的中心点或 <退出>: *取消*	//按 Esc 键退出"圆环"命令

在绘制圆环时，命令行提示指定圆环的内径和外径。正常圆环的内径小于外径，且内径不为零，效果如图 3-74 所示；若圆环的内径为 0，则圆环为一个黑色实心圆，如图 3-75 所示；如果圆环的内径与外径相等，则圆环就是一个普通圆，如图 3-76 所示。

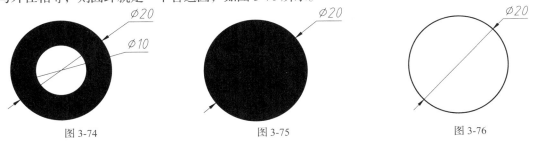

图 3-74   图 3-75   图 3-76

3.4 矩形与多边形

多边形图形包括矩形和正多边形，也是在绘图过程中使用较多的一类图形。

3.4.1 课堂案例——绘制方头平键

学习目标：使用"矩形"或"多边形"命令快速绘制图形轮廓。

知识要点：矩形就是通常说的长方形，是通过输入矩形的任意两个对角位置来确定的。使用"矩形"命令可以快速绘制部分规则图形的轮廓,如本例所绘制的平键,如图 3-77 所示。

(1)输入"REC"执行"矩形"命令,绘制一个长为 80、宽为 30 的矩形,如图 3-78 所示。

(2)输入"L"执行"直线"命令,绘制两条线段,构成方头平键的正视图,如图 3-79 所示。

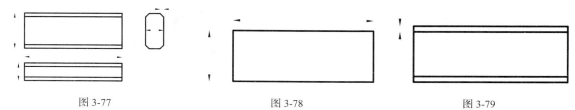

图 3-77　　　　　　　　　　图 3-78　　　　　　　　　　图 3-79

(3)按空格键重复执行"矩形"命令,然后输入"C"选择"倒角"选项,设置两个倒角距离都为 3,接着绘制一个长为 15、宽为 30 的矩形,如图 3-80 所示。

(4)使用相同的方法绘制余下的俯视图,如图 3-81 所示。

图 3-80　　　　　　　　　　　　　　　图 3-81

3.4.2　矩形

矩形就是通常说的长方形,是通过输入矩形的任意两个对角位置来确定的。在 AutoCAD 中绘制矩形时,可以为其设置倒角、圆角,以及宽度和厚度值,如图 3-82 所示。

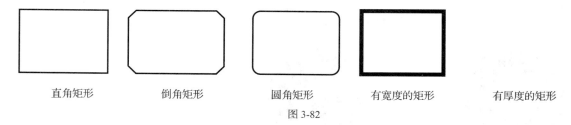

直角矩形　　　　　倒角矩形　　　　　圆角矩形　　　　有宽度的矩形　　　　有厚度的矩形

图 3-82

执行"矩形"命令有以下几种方法。

· 功能区:在"默认"选项卡中,单击"绘图"面板中的"矩形"按钮▣。

· 菜单栏:执行"绘图"|"矩形"命令。

· 命令行:RECTANG 或 REC。

执行"矩形"命令后,命令行操作如下。

```
命令: _rectang                                    //执行"矩形"命令
指定第一个角点或 [倒角(C)/标高(E)/圆角(F)/厚度(T)/宽度(W)]:   //指定矩形的第一个角点
指定另一个角点或 [面积(A)/尺寸(D)/旋转(R)]:              //指定矩形的对角点
```

在指定第一个角点前，有 5 个子选项，指定第二个角点的时候有 3 个，各选项含义具体介绍如下。

- 倒角：用来绘制倒角矩形，选择该选项后可指定矩形的倒角距离，如图 3-83 所示。设置该选项参数后，执行"矩形"命令时此值成为当前的默认值；若不需要设置倒角，则要再次将其设置为"0"，命令行操作如下。

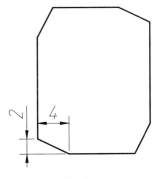

图 3-83

命令：_rectang

指定第一个角点或[倒角(C)/标高(E)/圆角(F)/厚度(T)/宽度(W)]: C
//选择"倒角"选项

指定矩形的第一个倒角距离<0.0000>: 2 //输入第一个倒角距离

指定矩形的第二个倒角距离<2.0000>: 4 //输入第二个倒角距离

指定第一个角点或[倒角(C)/标高(E)/圆角(F)/厚度(T)/宽度(W)]:
//指定第一个角点

指定另一个角点或 [面积(A)/尺寸(D)/旋转(R)]: //指定第二个角点

- 标高：指定矩形的标高，即 Z 轴上的值。选择该选项后可在高为标高值的平面上绘制矩形，如图 3-84 所示，命令行操作如下。

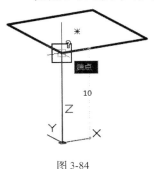

图 3-84

命令：_rectang

指定第一个角点或[倒角(C)/标高(E)/圆角(F)/厚度(T)/宽度(W)]: E
//选择"标高"选项

指定矩形的标高<0.0000>: 10 //输入标高值

指定第一个角点或[倒角(C)/标高(E)/圆角(F)/厚度(T)/宽度(W)]:
//指定第一个角点

指定另一个角点或[面积(A)/尺寸(D)/旋转(R)]: //指定第二个角点

- 圆角：用来绘制圆角矩形。选择该选项后可指定矩形的圆角半径值，绘制带圆角的矩形，如图 3-85 所示，命令行操作如下。

图 3-85

命令：_rectang

指定第一个角点或[倒角(C)/标高(E)/圆角(F)/厚度(T)/宽度(W)]: F
//选择"圆角"选项

指定矩形的圆角半径<0.0000>: 5 //输入圆角半径值

指定第一个角点或[倒角(C)/标高(E)/圆角(F)/厚度(T)/宽度(W)]:
//指定第一个角点

指定另一个角点或[面积(A)/尺寸(D)/旋转(R)]: //指定第二个角点

- 厚度：用来绘制有厚度的矩形，该选项为要绘制的矩形指定 Z 轴上的厚度值，如图 3-86 所示，命令行操作如下。

图 3-86

```
命令: _rectang
指定第一个角点或[倒角(C)/标高(E)/圆角(F)/厚度(T)/宽度(W)]: T
                                            //选择"厚度"选项
指定矩形的厚度<0.0000>: 2                     //输入矩形厚度值
指定第一个角点或[倒角(C)/标高(E)/圆角(F)/厚度(T)/宽度(W)]:
                                            //指定第一个角点
指定另一个角点或[面积(A)/尺寸(D)/旋转(R)]:     //指定第二个角点
```

- 宽度: 用来绘制有宽度的矩形, 该选项为要绘制的矩形指定线的宽度值, 效果如图 3-87 所示, 命令行操作如下。

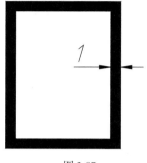

图 3-87

```
命令: _rectang
指定第一个角点或[倒角(C)/标高(E)/圆角(F)/厚度(T)/宽度(W)]: W
                                            //选择"宽度"选项
指定矩形的线宽<0.0000>: 1                     //输入线宽值
指定第一个角点或[倒角(C)/标高(E)/圆角(F)/厚度(T)/宽度(W)]:
                                            //指定第一个角点
指定另一个角点或[面积(A)/尺寸(D)/旋转(R)]:     //指定第二个角点
```

- 面积: 该选项提供另一种绘制矩形的方式, 即通过指定矩形面积大小的方式来绘制矩形。
- 尺寸: 该选项通过输入矩形的长和宽的值来确定矩形的大小。
- 旋转: 选择该选项, 可以指定绘制矩形的旋转角度。

3.4.3 正多边形

正多边形是由 3 条或 3 条以上长度相等的线段首尾相接形成的闭合图形, 其边数范围值在 3~1024, 图 3-88 所示为各种正多边形。

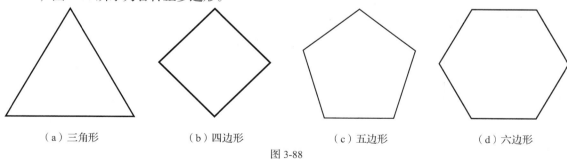

（a）三角形 （b）四边形 （c）五边形 （d）六边形

图 3-88

执行"多边形"命令有以下几种方法。
- 功能区: 在"默认"选项卡中, 单击"绘图"面板中的"多边形"按钮。
- 菜单栏: 执行"绘图"|"多边形"命令。

- 命令行：POLYGON 或 POL。

执行"多边形"命令后，命令行操作如下。

命令：POLYGON↙　　　//执行"多边形"命令
输入侧面数<4>：　　　//指定多边形的边数，默认状态为四边形
指定正多边形的中心点或[边(E)]：　//指定多边形的一条边来绘制正多边形，由边数和边长确定
输入选项[内接于圆(I)/外切于圆(C)] <I>：　　//选择正多边形的创建方式
指定圆的半径：　　　//指定创建正多边形时内接圆或外切圆的半径值

执行"多边形"命令时，在命令行中共有 4 种绘制方法，各方法具体介绍如下。

- 中心点：通过指定正多边形中心点的方式来绘制正多边形，这种方式为默认方式，如图 3-89 所示，命令行操作如下。

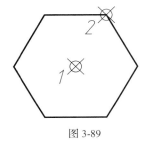

图 3-89

命令：_polygon
输入侧面数<5>：6　　　　//指定边数
指定正多边形的中心点或[边(E)]：　　//指定中心点1
输入选项 [内接于圆(I)/外切于圆(C)] <I>：//选择多边形创建方式
指定圆的半径：100　　　//输入圆半径值或指定端点2

- 边：通过指定多边形边的方式来绘制正多边形。该方式通过边的数量和长度确定正多边形，如图 3-90 所示，命令行操作如下。选择该方式后不可指定"内接于圆"或"外切于圆"选项。

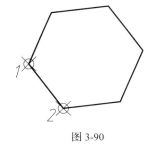

图 3-90

命令：_polygon
输入侧面数<5>：6　　//指定边数
指定正多边形的中心点或[边(E)]：E　//选择"边"选项
指定边的第一个端点：//指定多边形某条边的端点1
指定边的第二个端点：//指定多边形某条边的端点2

- 内接于圆：该选项表示以指定正多边形内接圆半径值的方式来绘制正多边形，如图 3-91 所示，命令行操作如下。

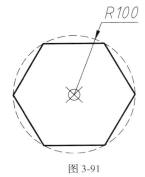

图 3-91

命令：_polygon
输入侧面数<5>：6　　　//指定边数
指定正多边形的中心点或[边(E)]：　　//指定中心点
输入选项[内接于圆(I)/外切于圆(C)] <I>：//选择"内接于圆"选项
指定圆的半径：100　　//输入圆半径值

- 外切于圆：该选项表示以指定正多边形外切圆半径值的方式来绘制正多边形，如图 3-92 所示，命令行操作如下。

图 3-92

```
命令: _polygon
输入侧面数<5>: 6                              //指定边数
指定正多边形的中心点或[边(E)]:              //指定中心点
输入选项 [内接于圆(I)/外切于圆(C)] <I>:C    //选择"外切于圆"选项
指定圆的半径: 100                            //输入圆半径值
```

3.5　样条曲线

样条曲线是经过或接近一系列给定点的平滑曲线，它能够自由编辑和控制曲线与点的拟合程度。在景观设计中，样条曲线常用来表示水体、流线型的园路及模纹等；在建筑制图中，样条曲线常用来表示剖面符号等图形；在机械产品设计领域，样条曲线则常用来表示某些产品的轮廓线或剖切线。

3.5.1　课堂案例——绘制手柄

学习目标：使用样条曲线绘制图形的不规则轮廓。

知识要点：如果需要绘制一些不规则图形，或者要像使用 Photoshop 软件中的"钢笔"工具一样手动勾勒曲线轮廓，在 AutoCAD 2016 中则可以通过"样条曲线"命令来完成，如本例所绘制的手柄轮廓，如图 3-93 所示。

素材文件：第 3 章 \3.5.1 绘制手柄 .dwg。

（1）启动 AutoCAD 2016，打开素材文件，已经绘制好了中心线与各通过点（没设置点样式之前很难观察到），如图 3-94 所示。

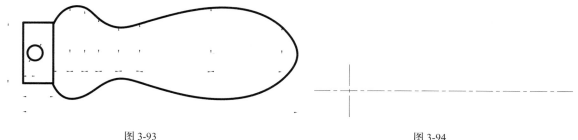

图 3-93　　　　　　　　　　　　　　　　　　　图 3-94

（2）设置点样式。执行"格式"|"点样式"命令，弹出"点样式"对话框，设置点样式，如图 3-95 所示。

（3）定位样条曲线的通过点。单击"修改"面板中的"偏移"按钮，将中心线偏移，效果如图 3-96 所示。

图 3-95

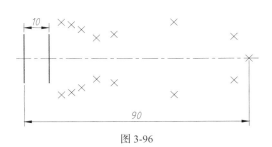

图 3-96

（4）绘制样条曲线。单击"绘图"面板中的"样条曲线"按钮 ，以左上角辅助点为起点，按顺时针方向依次连接各辅助点，效果如图 3-97 所示。

（5）闭合样条曲线。在命令行中输入"C"并按 Enter 键，闭合样条曲线，效果如图 3-98 所示。

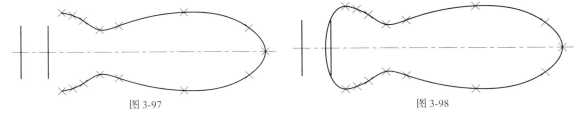

图 3-97   图 3-98

（6）绘制圆和外轮廓线。分别单击"绘图"面板中的"圆"按钮，绘制直径为 4 的圆；单击"直线"按钮，连接两条垂直线端点，绘制水平外轮廓线，如图 3-99 所示。

（7）修剪整理图形。单击"修改"面板中的"修剪"按钮，修剪多余的样条曲线，并删除辅助点，最终效果如图 3-100 所示。

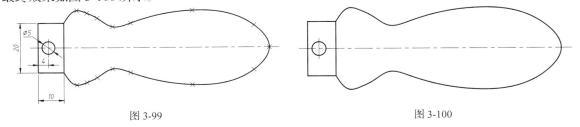

图 3-99   图 3-100

3.5.2 绘制样条曲线

在 AutoCAD 2016 中，样条曲线可分为"拟合点样条曲线"和"控制点样条曲线"两种。"拟合点样条曲线"的拟合点与曲线重合，如图 3-101 所示；"控制点样条曲线"是通过曲线外的控制点控制曲线的形状，如图 3-102 所示。

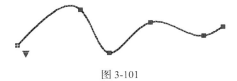
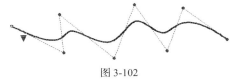

图 3-101   图 3-102

执行"样条曲线"命令有以下几种方法。

- 功能区：单击"绘图"面板上的"样条曲线拟合"按钮☑或"样条曲线控制点"按钮☑，如图 3-103 所示。
- 菜单栏：执行"绘图"｜"样条曲线"命令，然后在子菜单中选择"拟合点"或"控制点"选项，如图 3-104 所示。
- 命令行：SPLINE 或 SPL。

图 3-103

图 3-104

执行"样条曲线拟合"命令后，命令行操作如下。

命令：_spline	//执行"样条曲线拟合"命令
当前设置：方式=拟合　节点=弦	//显示当前样条曲线的设置
指定第一个点或[方式(M)/节点(K)/对象(O)]：_M	//系统自动选择
输入样条曲线创建方式 [拟合(F)/控制点(CV)] <拟合>：_FIT	//系统自动选择"拟合"选项
当前设置：方式=拟合　节点=弦	//显示当前方式下样条曲线的设置
指定第一个点或[方式(M)/节点(K)/对象(O)]：	//指定样条曲线起点或选择创建方式
输入下一个点或[起点切向(T)/公差(L)]：	//指定样条曲线上的第二个点
输入下一个点或[端点相切(T)/公差(L)/放弃(U)/闭合(C)]：	//指定样条曲线上的第三个点
	//要创建样条曲线，最少需指定3个点

执行"样条曲线控制点"命令时，命令行操作如下。

命令：_spline	//执行"样条曲线控制点"命令
当前设置：方式=控制点　阶数=3	//显示当前样条曲线的设置
指定第一个点或[方式(M)/阶数(D)/对象(O)]：_M	//系统自动选择
输入样条曲线创建方式 [拟合(F)/控制点(CV)] <拟合>：_CV	//系统自动选择"控制点"选项
当前设置：方式=控制点　阶数=3	//显示当前方式下样条曲线的设置
指定第一个点或[方式(M)/阶数(D)/对象(O)]：	//指定样条曲线起点或选择创建方式
输入下一个点：	//指定样条曲线上的第二个点
输入下一个点或 [闭合(C)/放弃(U)]：	//指定样条曲线上的第三个点

虽然在 AutoCAD 2016 中，绘制样条曲线有"样条曲线拟合"和"样条曲线控制点"两种方式，但是操作过程却基本一致，只有少数选项有区别（"节点"与"阶数"），因此命令行中各选项均统一介绍如下。

- 拟合：执行"样条曲线拟合"命令，通过指定样条曲线必须经过的拟合点来创建 3 阶（三次）样条曲线。在公差值大于 0 时，样条曲线必须在各个点的指定公差距离内。
- 控制点：执行"样条曲线控制点"命令，通过指定控制点来创建样条曲线。使用此方法可以创建 1 阶（线性）、2 阶（二次）、3 阶（三次）等最高为 10 阶的样条曲线。通过移动控制点调整样条曲线的形状通常可以提供比移动拟合点更好的效果。
- 节点：指定节点参数化，是一种计算方法，用来确定样条曲线中连续拟合点之间的零部件曲线如何过渡。该选项下有 3 个子选项，即"弦""平方根""统一"。
- 阶数：设置生成的样条曲线的多项式阶数。选择此选项可以创建 1 阶（线性）、2 阶（二次）、3 阶（三次）等最高 10 阶的样条曲线。
- 对象：该选项后，可将二维或三维的、二次或三次的多段线转换成等效的样条曲线，如图 3-105 所示。

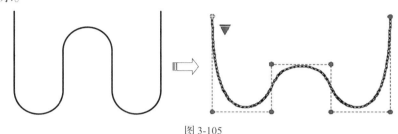

图 3-105

提示

设置 DELOBJ 系统变量，可保留或放弃源多段线。

3.5.3　编辑样条曲线

"编辑样条曲线"命令用于编辑样条曲线，由"样条曲线"（SPLINE）命令绘制的样条曲线具有许多特征，如数据点的数量及位置、端点特征性及切线方向、样条曲线的拟合公差等，用"编辑样条曲线"命令可以改变曲线的这些特征。

执行"编辑样条曲线"命令有以下几种方法。

- 菜单栏：执行"修改"|"对象"|"样条曲线"命令，如图 3-106 所示。
- 功能区：单击"修改"面板中的"编辑样条曲线"按钮 ，如图 3-107 所示。
- 命令行：SPLINEDIT 或 SPE。

执行该命令后，命令行操作如下。

输入选项 [闭合(C)/合并(J)/拟合数据(F)/编辑顶点(E)/转换为多段线(P)/反转(R)/放弃(U)/退出(X)] <退出>:

部分选项在"样条曲线"命令中已经介绍过，在此不重复说明。命令行中部分选项的含义如下。

- 闭合：该选项可以闭合开放的样条曲线，如图 3-108 所示。
- 合并：该选项可以将任何开放样条曲线合并到源对象。
- 拟合数据：该选项用于编辑样条曲线所通过的某些点。选择该选项后，创建曲线时指定的各点以小方格的形式显示。

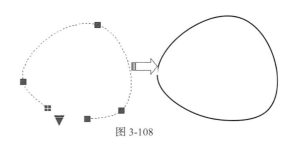

图 3-106   图 3-107   图 3-108

3.6 图案填充与渐变色填充

使用 AutoCAD 的图案和渐变色填充功能可以方便地对图案和渐变色进行填充，以区别不同形体的各个组成部分。

3.6.1 课堂案例——填充室内鞋柜立面

学习目标：使用"图案填充"命令将图形的各个区域进行区分。

知识要点：室内设计是否美观，很大程度上取决于主要立面上的艺术处理，包括造型与装修是否优美。在设计阶段，立面图主要是用来表现这种艺术处理的，反映出房屋的外貌和立面装修的做法。因此室内立面图的绘制在很大程度上需要通过填充来表达装修做法。本例便通过填充室内鞋柜立面，让读者可以熟练掌握图案填充的方法，如图 3-109 所示。

素材文件：第 3 章 \3.6.1 填充室内鞋柜立面 .dwg。

（1）打开素材文件，如图 3-110 所示。

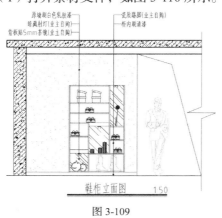

图 3-109

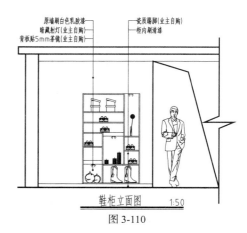

图 3-110

（2）填充墙体结构图案。在命令行中输入"H"执行"图案填充"命令并按 Enter 键，系统弹出"图案填充创建"选项卡。在"图案"面板中选择"ANSI31"选项，在"特性"面板中设置"填充图案颜色"为"8"、"填充图案比例"为"20"，如图 3-111 所示。设置完成后，拾取墙体进行填充，按空格键退出，填充效果如图 3-112 所示。

图 3-111

（3）继续填充墙体结构图案。按空格键再次执行"图案填充"命令,设置"图案"为"AR-CON"、
"填充图案颜色"为"8"、"填充图案比例"为"1",填充效果如图 3-113 所示。

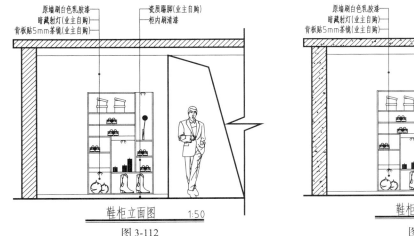

图 3-112

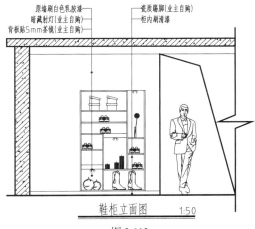

图 3-113

（4）填充鞋柜背景墙面。按空格键再次执行"图案填充"命令,设置"图案"为"AR-SAND"、
"填充图案颜色"为"8"、"填充图案比例"为"3",填充效果如图 3-114 所示。

（5）填充鞋柜玻璃。按空格键再次执行"图案填充"命令,设置"图案"为"AR-RROOF"、
"填充图案颜色"为"8"、"填充图案比例"为"10",最终填充效果如图 3-115 所示。

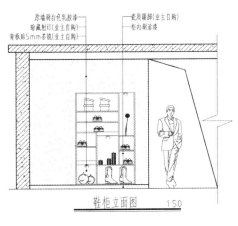

图 3-114

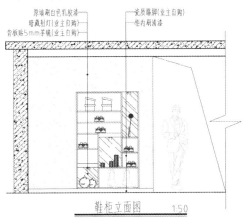

图 3-115

3.6.2　图案填充

在图案填充过程中,用户可以根据实际需求选择不同的填充样式,也可以对已填充的图案进行
编辑。执行"图案填充"命令有以下几种方法。

- 功能区：在"默认"选项卡中，单击"绘图"面板中的"图案填充"按钮，如图 3-116 所示。
- 菜单栏：执行"绘图"|"图案填充"命令，如图 3-117 所示。
- 命令行：BHATCH 或 CH 或 H。

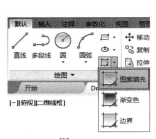

图 3-116   图 3-117

执行"图案填充"命令后，将显示"图案填充创建"选项卡，如图 3-118 所示。选择所需的填充图案，在要填充的区域中单击，生成效果预览，然后于空白处单击或单击"关闭"面板上的"关闭图案填充创建"按钮即可结束图案填充。

图 3-118

该选项卡由"边界""图案""特性""原点""选项""关闭"这 6 个面板组成，分别介绍如下。

1."边界"面板

图 3-119 所示为展开的"边界"面板，各选项的含义如下。

- 拾取点：单击此按钮，然后在填充区域中任意单击以确定一个点，AutoCAD 自动分析边界集，并从中确定包围该点的闭合边界。
- 选择：单击此按钮，然后根据封闭区域选择对象以确定边界。可通过选择封闭对象的方法确定填充边界，但该方法不会自动检测内部对象，如图 3-120 所示。

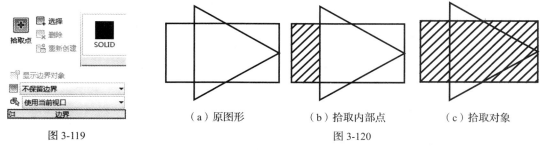

图 3-119   （a）原图形   （b）拾取内部点   （c）拾取对象

图 3-120

- 删除：用于取消边界，边界即在一个大的封闭区域内存在的一个独立的小区域。
- 重新创建：编辑填充图案时，可利用此按钮生成与图案边界相同的多段线或面域。
- 显示边界对象：单击此按钮，AutoCAD 将显示当前的填充边界。使用显示的夹点可修改图案填充边界。

- 保留边界对象：图案填充时将创建多段线或面域作为图案填充的边缘，并将图案填充对象与其关联。单击下拉按钮▼，在下拉列表中包括"不保留边界""保留边界 - 多段线""保留边界 - 面域"选项。
- 选择新边界集：指定对象的有限集（称为"边界集"），以便由图案填充的拾取点进行评估。单击下拉按钮▼，在下拉列表中展开"使用当前视口"选项，根据当前视口范围中的所有对象定义边界集，选择此选项将放弃当前的任何边界集。

2."图案"面板

"图案"面板中显示所有预定义和自定义图案的预览图案。单击右侧的下拉按钮▼可展开预览图案列表框，拖动滚动条选择所需的填充图案，如图 3-121 所示。

3."特性"面板

图 3-122 所示为展开的"特性"面板，各选项含义如下。

图 3-121

图 3-122

- 图案：单击下拉按钮▼，在下拉列表中包括"实体""图案""渐变色""用户定义"这 4 个选项。若选择"图案"选项，则使用 AutoCAD 预定义的图案，这些图案保存在"acad.pat"和"acadiso.pat"文件中。若选择"用户定义"选项，则采用用户定制的图案，这些图案保存在".pat"类型文件中。
- 颜色（图案填充颜色 / 背景色）：单击下拉按钮▼，在弹出的下拉列表中选择需要的图案颜色和背景颜色，默认状态下为无背景颜色，如图 3-123 与图 3-124 所示。
- 图案填充透明度：通过拖动滑块，可以设置填充图案的透明度，如图 3-125 所示。设置完透明度之后，需要单击状态栏中的"显示 \ 隐藏透明度"按钮▦，透明度才能显示出来。

图 3-123

图 3-124

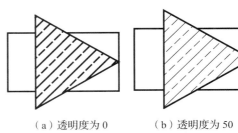

（a）透明度为 0   （b）透明度为 50

图 3-125

- 角度：通过拖动滑块，可以设置图案的填充角度，如图 3-126 所示。

- 比例：通过在文本框中输入比例值，可以设置缩放图案的比例，如图 3-127 所示。

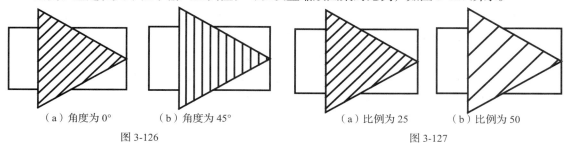

（a）角度为 0°　　（b）角度为 45°　　　　　（a）比例为 25　　（b）比例为 50

图 3-126　　　　　　　　　　　　　图 3-127

- 图层：在右边的下拉列表中可以指定图案填充所在的图层。
- 相对于图纸空间：适用于布局。用于设置相对于布局空间单位的缩放图案。
- 双：只有在选择"用户定义"选项时才可用。用于绘制两组相互呈 90° 的直线填充图案，从而构成交叉线填充图案。
- ISO 笔宽：设置基于选定笔宽缩放 ISO 预定义图案。只有图案设置为 ISO 图案时才可用。

4. "原点"面板

图 3-128 所示是展开的"原点"面板，指定原点的位置有"左下""右下""左上""右上""中心""使用当前原点" 6 种方式。

- 设定原点：指定新的图案填充原点，如图 3-129 所示。

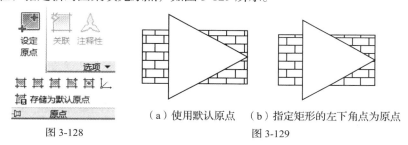

图 3-128　　　　　（a）使用默认原点　　（b）指定矩形的左下角点为原点

　　　　　　　　　　　　图 3-129

5. "选项"面板

图 3-130 所示为展开的"选项"面板，其各选项含义如下。

图 3-130

- 关联：控制当用户修改当前图案时是否自动更新图案填充。
- 注释性：指定图案填充有可注释性。单击信息图标可了解有相关注释性的对象的更多信息。
- 特性匹配：使用选定图案填充对象的特性设置图案填充特性，图案填充原点除外。单击下拉按钮，在下拉列表中包括"使用当前原点"和"用源图案填充原点"。

- 允许的间隙：指定几何对象之间桥接的最大间隙，这些对象经过延伸后将闭合边界。
- 创建独立的图案填充：一次性在多个闭合边界创建的填充图案是各自独立的。选择时，这些图案是单一对象。
- 孤岛：指在闭合区域内的另一个闭合区域。单击下拉按钮▼，在下拉列表中包含"无孤岛检测""普通孤岛检测""外部孤岛检测""忽略孤岛检测"4 个选项，如图 3-131 所示，其中各选项的含义如下。

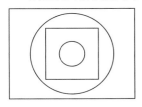  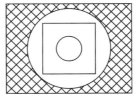 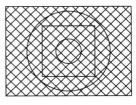

（a）无孤岛检测　　　（b）普通孤岛检测　　　（c）外部孤岛检测　　　（d）忽略孤岛检测

图 3-131

（a）无孤岛检测：关闭以使用传统孤岛检测方法。

（b）普通孤岛检测：从外部边界向内填充，即第一层填充，第二层不填充。

（c）外部孤岛检测：从外部边界向内填充，即只填充从最外边界向内和第一边界之间的区域。

（d）忽略孤岛检测：忽略最外层边界包含的其他任何边界，从最外层边界向内填充全部图形。

- 绘图次序：指定图案填充的创建顺序。单击下拉按钮▼，在下拉列表中包括"不指定""后置""前置""置于边界之后""置于边界之前"5 个选项。默认情况下，图案填充绘制次序是置于边界之后。
- "图案填充和渐变色"对话框：单击"选项"面板上的 ⌟ 按钮，打开"图案填充和渐变色"对话框，其中的选项与"图案填充创建"选项卡中的选项基本相同。

6. "关闭"面板

单击面板上的"关闭图案填充创建"按钮，可退出图案填充，也可按 Esc 键退出图案填充。

弹出"图案填充创建"选项卡后，在命令行中输入"T"，即可进入设置界面，打开"图案填充和渐变色"对话框。单击该对话框右下角的"更多选项"按钮⊙，展开图 3-132 所示的对话框，显示出更多选项。对话框中的选项与"图案填充创建"选项卡中的选项基本相同，在此不赘述。

单击该按钮，展开更多选项

图 3-132

3.6.3　渐变色填充

在绘图过程中，有些图形在填充时需要用到一种或多种颜色，如绘制装潢、美工图纸等。在 AutoCAD 2016 中执行"渐变色"命令有以下几种方法。

- 功能区：在"默认"选项卡中，单击"绘图"面板上的"渐变色"按钮，如图 3-133 所示。
- 菜单栏：执行"绘图"|"渐变色"命令，如图 3-134 所示。

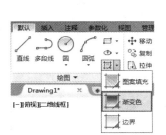

图 3-133　　　　　　　　　　　　　　　　　图 3-134

执行"渐变色"命令后，将弹出图 3-135 所示的"图案填充创建"选项卡。该选项卡同样由"边界""图案""特征""原点""选项""关闭"这 6 个面板组成，只是"图案"面板中的选项换成了渐变色。各面板功能与之前介绍过的"图案填充"一致，在此不重复介绍。

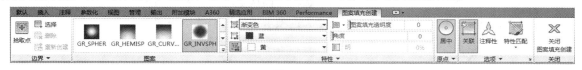

图 3-135

如果命令行提示"拾取内部点或 [选择对象 (S)/ 放弃 (U)/ 设置 (T)]:"，选择"设置"选项，将打开图 3-136 所示的"图案填充和渐变色"对话框，并自动切换到"渐变色"选项卡。

该对话框中常用选项的含义如下。

- 单色：指定的颜色从高饱和度平滑过渡到透明的填充方式。
- 双色：在指定的两种颜色之间平滑过渡的填充方式，如图 3-137 所示。
- 颜色样本：设定渐变填充的颜色。单击"浏览"按钮，打开"选择颜色"对话框，从中选择 AutoCAD 索引颜色（AIC）、真彩色或配色系统颜色。显示的默认颜色为图形的当前颜色。
- 渐变样式：有 9 种固定的渐变填充的图案，这些图案包括径向渐变、线性渐变等。
- 方向：在该选项组中，可以设置渐变色的角度及其是否居中。

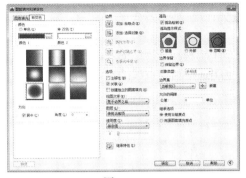

图 3-136   图 3-137

3.6.4 编辑填充的图案

在为图形填充了图案后，如果对填充效果不满意，还可以通过"编辑图案填充"命令对其进行编辑。可编辑内容包括填充比例、旋转角度和填充图案等。AutoCAD 2016 增强了图案填充的编辑功能，可以同时选择并编辑多个图案填充对象。

执行"编辑图案填充"命令有以下几种方法。

- 功能区：在"默认"选项卡中，单击"修改"面板中的"编辑图案填充"按钮▨，如图 3-138 所示。
- 菜单栏：执行"修改"|"对象"|"图案填充"命令，如图 3-139 所示。
- 命令行：HATCHEDIT 或 HE。
- 快捷操作 1：在要编辑的对象上右击，在弹出的快捷菜单中选择"图案填充编辑"选项。
- 快捷操作 2：在绘图区双击要编辑的图案填充对象。

执行"图案填充编辑"命令后，要选择图案填充对象，系统弹出"图案填充编辑"对话框，如图 3-140 所示。该对话框中的参数与"图案填充和渐变色"对话框中的参数一致，修改参数即可修改图案填充效果。

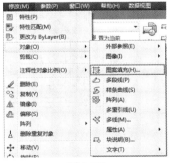

图 3-138   图 3-139   图 3-140

3.7 课堂练习——绘制相贯线

知识要点： 两物体表面的交线称为"相贯线"，如图 3-141 所示。物体的表面（外表面或内表面）相交，均出现了相贯线，在绘制该类零件的三视图时，应注意绘制相贯线的投影问题。

素材文件： 第 3 章 \3.7 绘制相贯线 .dwg。

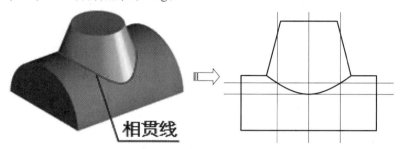

图 3-141

3.8 课后习题——填充室内平面图

知识要点： 在进行室内平面图的设计时，可以根据不同区域的装修方式来创建不同图案进行填充，让设计图的内容更加丰富，如图 3-142 所示。在进行填充时要注意相邻区域不能使用同一种填充图案。

素材文件： 第 3 章 \3.8 填充室内平面图 .dwg。

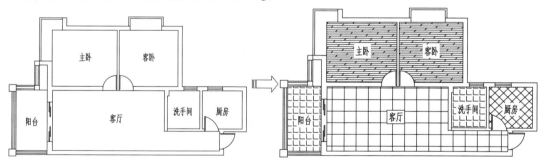

图 3-142

第4章

图形的编辑

本章介绍

　　前面学习了各种图形对象的绘制方法，为了能创建图形的更多细节特征并提高绘图效率，AutoCAD 提供了许多编辑命令，常用的有移动对象、复制图形、修剪图形、创建倒角与圆角等，本章将讲解这些编辑命令的使用方法。

课堂学习目标

● 掌握常用的图形编辑命令
● 掌握图形夹点的操作

4.1 图形修剪

使用AutoCAD绘图不可能一蹴而就，要想得到最终的完整图形，需要用到各种修剪命令将图形多余的部分剪去或删除，因此修剪类命令是图形编辑命令中较为常用的一类。

4.1.1 课堂案例——修剪螺母

学习目标：在图形上选定修剪边界，然后修剪多余的部分。

知识要点："修剪"命令是将图形超出边界的多余部分修剪删除掉，如图 4-1 所示。"修剪"命令可以修剪直线、圆、圆弧、多段线、样条曲线和射线等，是AutoCAD中较为常用的命令之一。

素材文件：第 4 章\4.1.1 修剪螺母.dwg。

（1）打开素材文件，如图 4-2 所示。

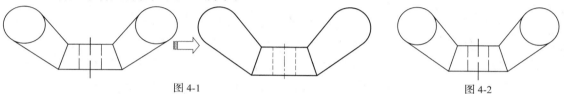

图 4-1   图 4-2

（2）在"默认"选项卡中，单击"修改"面板上的"修剪"按钮，如图 4-3 所示，执行"修剪"命令。

（3）根据命令行提示进行修剪操作，结果如图 4-4 所示，命令行操作如下。

```
命令: _trim                    //执行"修剪"命令
当前设置:投影=UCS，边=无
选择剪切边...
选择对象或<全部选择>:↙         //全选所有对象作为修剪边界
选择要修剪的对象，或按住Shift键选择要延伸的对象，或[栏选(F)/窗交(C)/投影(P)/边(E)/删除(R)/
放弃(U)]:                      //分别单击两段圆弧，完成修剪
```

图 4-3

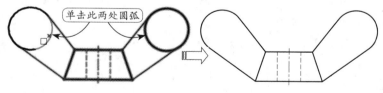

图 4-4

4.1.2 修剪

"修剪"命令是将图形中超出边界的部分修剪删除掉，与橡皮擦的功能相似，修剪操作可以修剪直线、圆、圆弧、多段线、样条曲线和射线等。在执行"修剪"命令的过程中，需要设置的参数有修剪边界和修剪对象两类。要注意在选择修剪对象时十字光标所在的位置，需要删除哪一部分，则在该部分上单击。

执行"修剪"命令有以下几种方法。

- 功能区：单击"修改"面板上的"修剪"按钮 ，如图 4-5 所示。
- 菜单栏：执行"修改"|"修剪"命令，如图 4-6 所示。
- 命令行：TRIM或TR。

图 4-5   图 4-6

执行"修剪"命令后，选择作为剪切边的对象（可以是多个对象），命令行操作如下。

当前设置:投影=UCS，边=无

选择边界的边…

选择对象或<全部选择>:   //选择要作为边界的对象

选择对象: //可以继续选择对象或按 Enter 键结束选择

选择要修剪的对象，或按住Shift键选择要修剪的对象，或[栏选(F)/窗交(C)/投影(P)/边(E)/放弃(U)]:

                            //选择要修剪的对象

命令行中各选项含义如下。

- 栏选：用栏选的方式选择要修剪的对象。
- 窗交：用窗交的方式选择要修剪的对象。
- 投影：用以指定修剪对象时使用的投影方式，即选择进行修剪的空间。
- 边：指定修剪对象时是否使用"延伸"模式，默认选项为"不延伸"模式，即修剪对象必须与修剪边界相交才能够修剪；如果选择"延伸"模式，则修剪对象与修剪边界的延长线相交即可被修剪。图 4-7 所示的圆弧，只有在使用"延伸"模式时才能够被修剪。
- 放弃：放弃上一次的修剪操作。

剪切边也可以同时作为被剪边。默认情况下，选择要修剪的对象（即选择被剪边），系统将以剪切边为界，将被剪切对象上位于拾取点一侧的部分剪切掉。

利用"修剪"工具可以快速完成对图形中多余线段的删除，如图 4-8 所示。

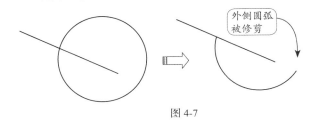

图 4-7

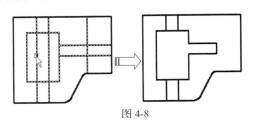

图 4-8

在修剪对象时，可以一次选择多个边界或修剪对象，从而实现快速修剪。例如，要将图4-9（a）所示的"井"字形路口打通，在选择修剪边界时可以使用"窗交"方式同时选择4条直线，如图4-9（b）所示，在选择修剪对象时使用"栏选"方式选择路口四条线段，如图4-9（c）所示，最终修剪结果如图4-9（d）所示。

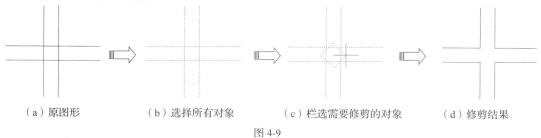

（a）原图形　　　　　（b）选择所有对象　　　　（c）栏选需要修剪的对象　　　　（d）修剪结果

图 4-9

4.1.3　延伸

"延伸"命令是将没有和边界相交的部分延伸补齐，它和"修剪"命令是一组相对的命令。在执行命令的过程中，需要设置的参数有延伸边界和延伸对象两类。"延伸"命令的使用方法与"修剪"命令的使用方法相似。在使用"延伸"命令时，如果按住Shift键并单击对象，则可以切换执行"修剪"命令。

执行"延伸"命令有以下几种方法。

- 功能区：单击"修改"面板中的"延伸"按钮，如图 4-10 所示。
- 菜单栏：执行"修改"|"延伸"命令。
- 命令行：EXTEND 或 EX。

选择延伸对象时，需要注意延伸方向的选择。朝哪个边界延伸，则在靠近那个边界的部分上单击。将直线 AB 延伸至边界直线 M 时，需要在 A 端单击直线，将直线 AB 延伸到直线 N 时，则需在 B 端单击直线，如图 4-11 所示。

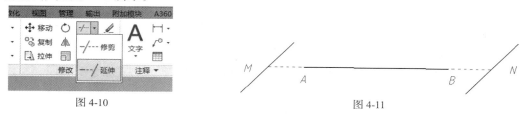

图 4-10　　　　　　　　　　　　　　　　　　图 4-11

执行"延伸"命令后，选择要延伸的对象（可以是多个对象），命令行操作如下。

选择要延伸的对象，或按住Shift键选择要延伸的对象，或[栏选(F)/窗交(C)/投影(P)/边(E)/删除(R)/放弃(U)]:

命令行中各选项的含义与"修剪"命令相同，在此不赘述。

4.1.4　删除

"删除"命令可将多余的对象从图形中清除。执行"删除"命令有以下几种方法。

- 功能区：在"默认"选项卡中，单击"修改"面板中的"删除"按钮✍，如图 4-12 所示。
- 菜单栏：执行"修改"|"删除"命令，如图 4-13 所示。
- 命令行：ERASE 或 E。
- 快捷操作：选中对象然后按 Delete 键。

图 4-12   图 4-13

执行"删除"命令后，根据命令行的提示选择需要删除的图形对象，按 Enter 键即可删除已选择的对象，如图 4-14 所示。

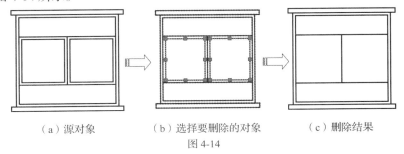

（a）源对象   （b）选择要删除的对象   （c）删除结果

图 4-14

4.2 图形变化

在绘图的过程中，可能要对某一图形进行移动、旋转或拉伸等操作，因此图形变化类命令也是使用较为频繁的一类命令。

4.2.1 课堂案例——调整门的位置

学习目标：选择门图形，然后通过"拉伸"命令和"自"命令将其调整至正确的位置上。

知识要点：在从事室内设计的时候，经常需要根据客户要求对图形进行修改，如调整门、窗类图形的位置。在大多数情况下，通过"拉伸"命令都可以完成修改。但如果碰到图 4-15 所示的情况，仅靠"拉伸"命令就很难完成，因为距离差值并非整数，这时就可以利用"自"命令来辅助修改，保证图形的准确性。

素材文件：第 4 章 \ 4.2.1 调整门的位置 .dwg。

（1）打开素材文件，如图 4-16 所示，图形为一个室内局部图，其中尺寸930.43为无理数，此处只显示小数点之后两位数。

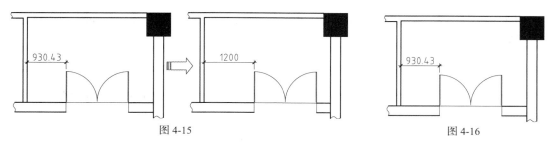

图 4-15   图 4-16

（2）在命令行中输入"S"，执行"拉伸"命令，提示选择对象时按住鼠标左键不放，从右往左框选整个门图形，如图 4-17 所示。

（3）指定拉伸基点。框选完毕后按 Enter 键确认，然后命令行提示指定拉伸基点，此时选择门图形左侧的端点为基点（即尺寸测量点），如图 4-18 所示。

（4）指定"自"功能基点。拉伸基点确定之后，命令行便提示指定拉伸的第二个点，此时在命令行中输入"FROM"或在绘图区右击，在弹出的快捷菜单中选择"自"选项，以左侧的墙角测量点为"自"功能的基点，如图 4-19 所示。

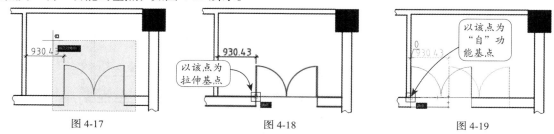

图 4-17   图 4-18   图 4-19

（5）输入拉伸距离。此时将十字光标向右移动，输入偏移距离为"1200"，即可得到最终的图形，如图 4-20 所示。

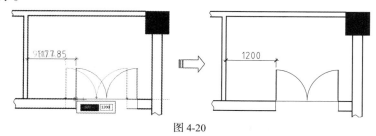

图 4-20

4.2.2 移动

"移动"命令是将图形从一个位置平移到另一个位置，移动过程中图形的大小、形状和倾斜角度均不发生改变。在执行"移动"命令的过程中，需要确定的参数有需要移动的对象、移动基点和第二个点。

执行"移动"命令有以下几种方法。

· 功能区：单击"修改"面板上的"移动"按钮✛，如图 4-21 所示。

· 菜单栏：执行"修改"|"移动"命令，如图 4-22 所示。

· 命令行：MOVE 或 M。

图 4-21   图 4-22

执行该命令后，根据命令行提示，在绘图区中选择需要移动的对象并确定，然后拾取移动基点，最后指定第二个点（目标点）即可完成移动操作，如图 4-23 所示。

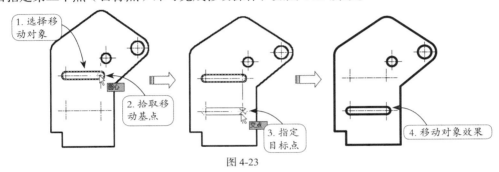

图 4-23

还可以利用输入坐标值的方式来定义基点、目标点的具体位置。

4.2.3 旋转

"旋转"命令是将图形对象绕一个固定的点（基点）旋转一定的角度。在执行"旋转"命令的过程中，需要确定的参数有旋转对象、旋转基点和旋转角度。逆时针旋转的角度为正值，顺时针旋转的角度为负值。

执行"旋转"命令有以下几种方法。

- 功能区：单击"修改"面板上的"旋转"按钮，如图 4-24 所示。
- 菜单栏：执行"修改"|"旋转"命令，如图 4-25 所示。
- 命令行：ROTATE 或 RO。

图 4-24   图 4-25

在 AutoCAD 中有两种旋转方法，即默认旋转和复制旋转。

1. 默认旋转

使用该方法旋转图形时，源对象将按指定的旋转中心和旋转角度旋转至新位置，不保留对象的原始副本。执行"旋转"命令后，选择旋转对象并右击，然后指定旋转基点，根据命令行提示输入旋转角度，按 Enter 键即可完成旋转对象操作，如图 4-26 所示。

2. 复制旋转

使用该方法旋转图形时，不仅可以将对象旋转一定的角度，还可以保留源对象。执行"旋转"命令后，选择旋转对象并确认，然后指定旋转基点，在命令行中选择"复制"选项，并指定旋转角度，按 Enter 键完成操作，如图4-27所示。

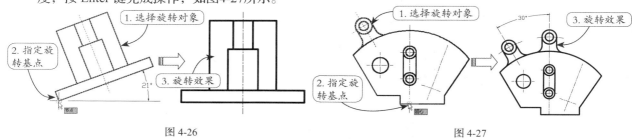

图 4-26　　　　　　　　　　　　　　　　　　图 4-27

4.2.4　缩放

利用"缩放"工具可以将图形对象以指定的点为缩放基点放大或缩小一定比例，创建出与源对象成一定比例且形状相同的新图形对象。在"缩放"命令执行过程中，需要确定的参数有缩放对象、基点和比例因子。比例因子也就是缩小或放大的比例值，比例因子大于 1 时，缩放结果是使图形放大，反之，则使图形缩小。

执行"缩放"命令有以下几种方法。

- 功能区：单击"修改"面板上的"缩放"按钮，如图 4-28 所示。
- 菜单栏：执行"修改"|"缩放"命令，如图 4-29 所示。
- 命令行：SCALE 或 SC。

图 4-28　　　　　　　　　　　　　　　　　　图 4-29

执行"缩放"命令后，选择缩放对象并右击，指定缩放基点，命令行提示如下。

指定比例因子或[复制(C)/参照(R)] <1.0000>:

直接输入比例因子进行缩放，如图 4-30 所示。如果选择"复制"选项，则缩放时会保留源图形。

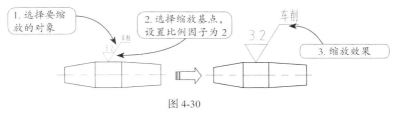

图 4-30

如果选择"参照"选项，则命令行会提示需要输入"参照长度"和"新长度"数值，由系统自动计算出两个长度之间的比例，从而得出图形的缩放因子，并对图形进行缩放操作。

4.2.5 拉伸

"拉伸"命令通过沿拉伸路径平移图形夹点的位置，使图形产生拉伸变形的效果。它可以将选择的对象按规定方向和角度拉伸或缩短，并且使对象的形状发生改变。

执行"拉伸"命令有以下几种方法。

- 功能区：单击"修改"面板中的"拉伸"按钮，如图 4-31 所示。
- 菜单栏：执行"修改"|"拉伸"命令，如图 4-32 所示。
- 命令行：STRETCH 或 S。

"拉伸"命令需要设置的参数有拉伸对象、拉伸基点的起点和拉伸位移。拉伸位移决定了拉伸的方向和距离，如图 4-33 所示。

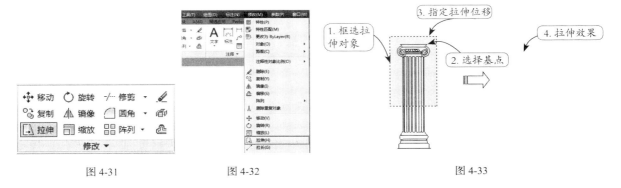

图 4-31   图 4-32   图 4-33

拉伸遵循以下原则。

- 通过单击选择和窗口选择获得的拉伸对象将只被平移，不被拉伸。
- 通过框选选择获得的拉伸对象，如果所有夹点都落入选择框，则图形将发生平移，如图 4-34 所示，如果只有部分夹点落入选择框，则图形将沿拉伸位移拉伸，如图 4-35 所示；如果没有夹点落入选择框，图形将保持不变，如图 4-36 所示。

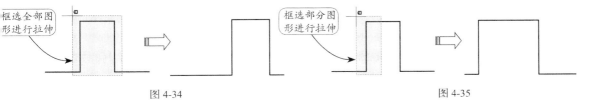

图 4-34   图 4-35

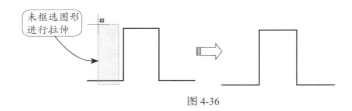

图 4-36

4.2.6 拉长

拉长图形就是改变源图形的长度。"拉长"命令可以把源图形变长，也可以将其缩短。用户可以通过指定一个长度增量、角度增量（对于圆弧）、总长度或相对于原长的百分比增量来改变源图形的长度，也可以通过动态拖动的方式来直接改变源图形的长度。

执行"拉长"命令有以下几种方法。

- 功能区：单击"修改"面板中的"拉长"按钮，如图 4-37 所示。
- 菜单栏：执行"修改" | "拉长"命令，如图 4-38 所示。
- 命令行：LENGTHEN 或 LEN。

图 4-37

图 4-38

执行"拉长"命令后，命令行操作如下。

```
选择要测量的对象或 [增量(DE)/百分比(P)/总计(T)/动态(DY)]:
```

各选项含义如下。

- 增量：表示以增量方式修改对象的长度。可以直接输入长度增量来拉长直线或者圆弧，长度增量为正值时拉长对象，为负值时缩短对象。也可以输入"A"，通过指定圆弧的长度和角增量来修改圆弧的长度。
- 百分比：通过输入百分比来改变对象的长度或圆心角大小。百分比的数值以原长度为参照。
- 总计：通过输入对象的总长度来改变对象的长度或角度。
- 动态：用动态模式拖动对象的一个端点来改变对象的长度或角度。

4.3 图形复制

如果设计图中含有大量重复或相似的图形，就可以使用图形复制类命令快速绘制，如复制、偏移、镜像、阵列等。

4.3.1　课堂案例——绘制鱼图形

学习目标：使用圆弧、圆、直线等绘图工具，再结合偏移、复制、修剪等编辑工具，绘制出鱼外形图。

知识要点："偏移"是 AutoCAD 设计过程中出现频率较高的编辑命令之一，通过对该命令的灵活使用，再结合强大的二维绘图功能，便可以绘制出颇具设计感的图形，如本例图 4-39 所示的鱼图形。

素材文件：第 4 章 \ 4.3.1 绘制鱼图形 .dwg。

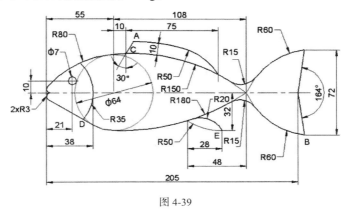

图 4-39

（1）打开素材文件，其中已绘制好了3段中心线，如图 4-40 所示。

（2）绘制鱼唇。在命令行中输入"O"，执行"偏移"命令，按图 4-41 所示尺寸对中心线进行偏移。

图 4-40

图 4-41

（3）以偏移所得的中心线的交点为圆心，分别绘制两个*R*3的圆，如图 4-42 所示。

（4）绘制 Ø64 辅助圆。输入"C"执行"圆"命令，以另两条中心线的交点为圆心，绘制图 4-43 所示的圆。

（5）绘制上侧鱼头。在"绘图"面板上单击"相切、相切、半径"按钮，分别在上侧的*R*3圆和 Ø64 辅助圆上单击一个点，输入半径值为"80"，结果如图 4-44 所示。

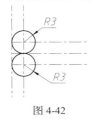

图 4-42

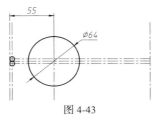

图 4-43

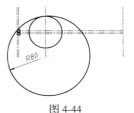

图 4-44

（6）输入"TR"执行"修剪"命令，修剪掉多余的圆弧部分，并删除偏移的辅助线，得到鱼头的上侧轮廓，如图 4-45 所示。

（7）绘制鱼背。输入"O"执行"偏移"命令，将 $\varnothing64$ 辅助圆的中心线向右偏移108，效果如图 4-46 所示。

（8）在"绘图"面板上单击"圆弧"按钮下的下拉按钮，在下拉列表中单击"起点,端点,半径"按钮 ，如图 4-47 所示。

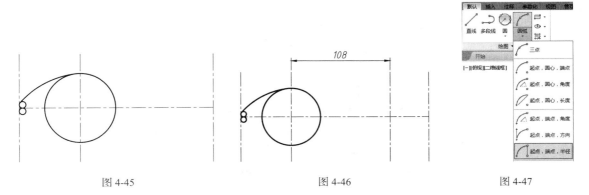

图 4-45   图 4-46   图 4-47

（9）以所得的中心线交点 A 为起点、鱼头圆弧的端点 B 为端点，绘制一条半径为150的圆弧，效果如图 4-48 所示。

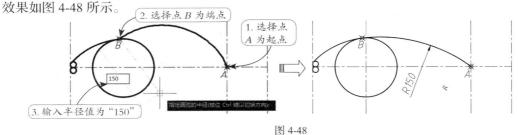

图 4-48

（10）绘制背鳍。在命令行中输入"O"，执行"偏移"命令，将鱼背弧线向上偏移10，得到背鳍轮廓，如图 4-49 所示。

（11）再次执行"偏移"命令，将 $\varnothing64$ 辅助圆的中心线分别向右偏移10和75，效果如图 4-50 所示。

（12）输入"L"执行"直线"命令，以点 C 为起点，向上绘制一条角度为60°的直线，相交于背鳍的轮廓线，如图 4-51 所示。

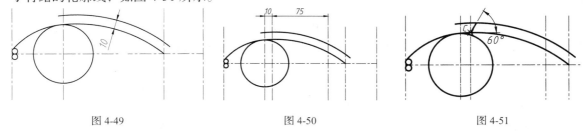

图 4-49   图 4-50   图 4-51

（13）输入"C"执行"圆"命令，以点 D 为圆心，绘制一个半径为 50 的圆，如图 4-52 所示。

（14）再将背鳍的轮廓线向下偏移 50，与上一步骤所绘制的 $R50$ 圆得到一个交点 E，如图 4-53 所示。

（15）以交点 E 为圆心，绘制一个半径为 50 的圆，即可得到背鳍尾端的圆弧部分，如图 4-54 所示。

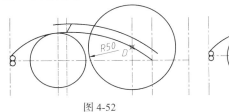
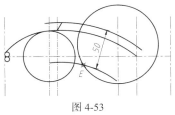
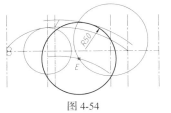

图 4-52　　　　　　　　　　图 4-53　　　　　　　　　　图 4-54

（16）输入"TR"，执行"修剪"命令，将多余的圆弧修剪掉，并删除多余辅助线，得到图 4-55 所示的背鳍图形。

（17）绘制鱼腹。在"绘图"面板上单击"起点,端点,半径"按钮，然后按住 Shift 键右击，在弹出的快捷菜单中选择"切点"选项，如图 4-56 所示。

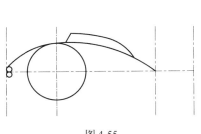

图 4-55　　　　　　　　　　　　　图 4-56

（18）在辅助圆上捕捉切点 F，以该点为圆弧的起点，然后捕捉中心线的交点 G，以该点为圆弧的端点，接着输入半径值为"180"，得到鱼腹圆弧，如图 4-57 所示。

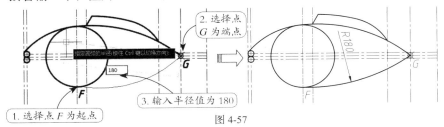

图 4-57

（19）绘制下侧鱼头。单击"默认"选项卡中"绘图"面板上的"直线"按钮，执行"直线"命令，然后按相同方法，分别捕捉下鱼唇与辅助圆上的切点，绘制一条公切线，如图 4-58 所示。

（20）绘制腹鳍。在命令行中输入"O"，执行"偏移"命令，然后按图 4-59 所示尺寸重新偏移辅助线。

（21）单击"绘图"面板上的"起点,端点,半径"按钮，以点 H 为起点、点 K 为端点，输入半径值为"50"，绘制图 4-60 所示的圆弧。

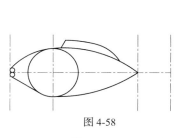

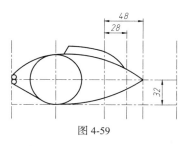

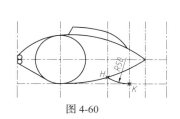

图 4-58 　　　　　　　　　　 图 4-59 　　　　　　　　　　 图 4-60

（22）输入"C"，执行"圆"命令，以点 K 为圆心，绘制一个半径为20的圆，如图 4-61 所示。

（23）输入"O"，执行"偏移"命令，将鱼腹的轮廓线向下偏移 20，与上一步骤所绘制的 $R20$ 圆得到一个交点 L，如图 4-62 所示。

（24）以交点 L 为圆心，绘制一个半径为20的圆，即可得到腹鳍上的圆弧部分，如图 4-63 所示。

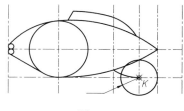

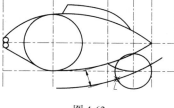

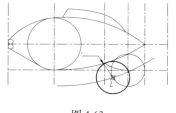

图 4-61 　　　　　　　　　　 图 4-62 　　　　　　　　　　 图 4-63

（25）输入"TR"，执行"修剪"命令，将多余的圆弧修剪掉，并删除多余辅助线，得到图 4-64 所示的腹鳍图形。

（26）绘制鱼尾。单击"修改"面板上的"偏移"按钮，将水平中心线分别向上下两侧各偏移36，如图 4-65 所示。

（27）单击"绘图"面板中的"射线"按钮，以点 M 为起点，分别绘制角度为82°、－82°的两条射线，如图 4-66 所示。

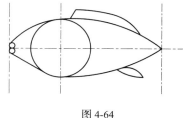

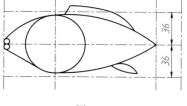

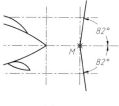

图 4-64 　　　　　　　　　　 图 4-65 　　　　　　　　　　 图 4-66

（28）单击"绘图"面板上的"起点,端点,半径"按钮，以交点 N 为起点、交点 P 为端点，输入半径值为"60"，绘制图 4-67 所示的圆弧。

（29）以相同方法绘制鱼尾的下侧，然后执行"修剪"和"删除"命令，修剪多余的辅助线，效果如图 4-68 所示。

（30）单击"修改"面板上的"圆角"按钮，输入倒圆半径值为"15"，对鱼尾和鱼身进行倒圆操作，效果如图 4-69 所示。

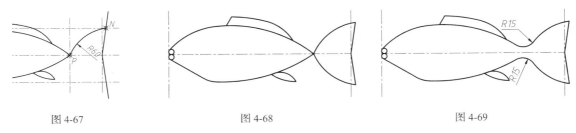

图 4-67   图 4-68   图 4-69

（31）绘制鱼眼。将水平中心线向上偏移10，再将左侧竖直中心线向右偏移21，以所得交点为圆心，绘制一个直径为7的圆，即可得到鱼眼，如图 4-70 所示。

（32）绘制鱼鳃。以中心线的左侧交点为圆心，绘制一个半径为35的圆，然后修剪鱼身之外的部分，即可得到鱼鳃，如图 4-71 所示。

（33）删除多余辅助线，即可得到最终的鱼图形，如图 4-72所示。本例综合应用了"圆弧""圆""直线""偏移""修剪"等诸多命令，对读者理解并掌握 AutoCAD 2016 的绘图方法有极大帮助。

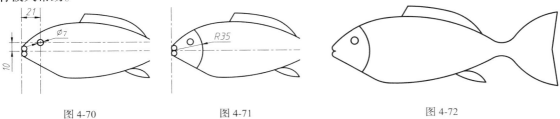

图 4-70   图 4-71   图 4-72

4.3.2　复制

"复制"命令是指在不改变图形大小、方向的前提下，重新生成一个或多个与源对象一模一样的图形。在执行"复制"命令过程中，需要确定的参数有复制对象、基点和第二个点，配合坐标、对象捕捉、栅格捕捉等工具，可以精确复制图形。

在 AutoCAD 2016 中执行"复制"命令有以下几种方法。

- 功能区：单击"修改"面板上的"复制"按钮，如图 4-73 所示。
- 菜单栏：执行"修改"|"复制"命令，如图 4-74 所示。
- 命令行：COPY 或 CO 或 CP。

图 4-73

图 4-74

执行"复制"命令后，选择需要复制的对象，指定复制基点，然后拖动十字光标指定新基点即可完成复制，继续单击，还可以复制多个图形对象，如图 4-75 所示。

使用"复制"命令时，在"指定第二个点或 [阵列(A)] "命令行提示下输入"A"，可以线性阵列的方式快速大量复制对象，从而大大提高效率。

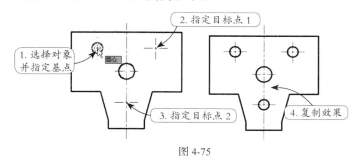

图 4-75

4.3.3　偏移

使用"偏移"命令可以创建与源对象相隔一定距离的形状相同或相似的新图形对象，可以进行偏移的图形对象包括直线、曲线、多边形、圆、圆弧等，如图 4-76 所示。

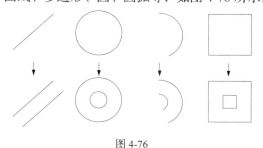

图 4-76

执行"偏移"命令有以下几种方法。
- 功能区：单击"修改"面板上的"偏移"按钮，如图 4-77所示。
- 菜单栏：执行"修改"|"偏移"命令，如图 4-78 所示。
- 命令行：OFFSET 或 O。

图 4-77

图 4-78

执行"偏移"命令需要输入的参数有偏移对象、偏移距离和偏移方向。只要在需要偏移的一侧的任意位置单击即可确定偏移方向，也可以指定偏移对象通过已知的点。执行"偏移"命令后，选择要偏移的对象，命令行操作如下。

指定偏移距离或 [通过(T)/删除(E)/图层(L)] <0.0000>:

命令行中各选项的含义如下。

- 通过：指定一个通过点定义偏移的距离和方向，如图 4-79 所示。
- 删除：删除偏移源对象。
- 图层：确定将偏移对象创建在当前图层上还是源对象所在的图层上。

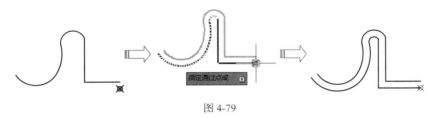

图 4-79

4.3.4 镜像

"镜像"命令可以将图形绕指定轴（镜像线）镜像复制，常用于绘制结构规则且有对称特点的图形。AutoCAD 2016通过指定临时镜像线来镜像对象，镜像时可选择删除或保留源对象。

执行"镜像"命令有以下几种方法。

- 功能区：单击"修改"面板上的"镜像"按钮🔺。
- 菜单栏：执行"修改"|"镜像"命令。
- 命令行：MIRROR或MI。

执行"镜像"命令后，绘制图4-80所示的图形，命令行的操作如下。镜像结果如图4-81所示。

命令: MI✔   //执行"镜像"命令
选择对象: 指定对角点: 找到 14 个
选择对象: //用交叉窗选的方式选择要镜像的图形，右击结束选择
指定镜像线的第一点: //指定镜像线的第一个点A
指定镜像线的第二点: //指定镜像线的第二个点B
要删除源对象吗? [是(Y)/否(N)] <N>:✔ //根据需要，选择是否要删除源对象，按 Enter 键默认选
　　　　　　　　　　　　　　　　　　　　择"否"

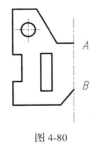

图 4-80

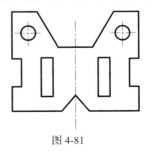

图 4-81

4.3.5 阵列

使用"阵列"命令可以按照矩形、环形（极轴）和路径的方式，以定义的距离、角度和路径复

制出源对象的多个对象副本，如图 4-82 所示。

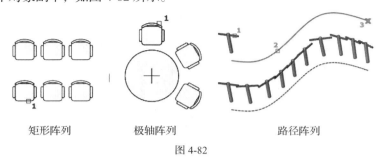

矩形阵列　　　　　　极轴阵列　　　　　　路径阵列

图 4-82

1. "阵列"命令的执行

执行"阵列"命令有以下几种方法。

- 功能区：单击"修改"面板上的"阵列"按钮，如图 4-83 所示。
- 菜单栏：执行"修改"|"阵列"命令，如图 4-84 所示。
- 命令行：ARRAY 或 AR。

图 4-83

图 4-84

执行"阵列"命令后，命令行提示用户设置阵列类型和相关参数，命令行操作如下。

命令: AR↵	//执行"阵列"命令
选择对象：	//选择阵列对象并按 Enter 键
选择对象：	//按 Enter 键结束对象选择
输入阵列类型 [矩形(R)/路径(PA)/极轴(PO)] <矩形>：	//选择阵列类型

2. 矩形阵列

"矩形阵列"是以控制行数、列数，以及行和列之间的距离的方式，使图形以矩形方式复制。

在命令提示行中选择"矩形"选项、单击"矩形阵列"按钮░或直接输入"ARRAYRECT"命令，即可进行矩形阵列。下面以图 4-85 所示的阵列实例进行说明。

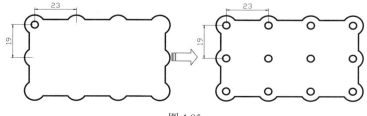

图 4-85

矩形阵列过程如图 4-86 所示，命令行操作如下。

命令：AR↙　　　　　　　　　　　　　　//执行"阵列"命令

选择对象:找到1个　　　　　　　　　　//选择阵列圆并按 Enter 键

选择对象:输入阵列类型[矩形(R)/路径(PA)/极轴(PO)]<矩形>:R↙　　//选择"矩形"选项

类型 = 矩形 关联 = 是

选择夹点以编辑阵列或 [关联(AS)/基点(B)/计数(COU)/间距(S)/列数(COL)/行数(R)/层数(L)/退出(X)]

<退出>: B↙　　　　　　　　　　　　//选择"基点"选项

指定基点或 [关键点(K)]<质心>:　　　 //指定小圆的圆心为基点

** 行和列数 **　　　　　　　　　　　//拖动三角形或者矩形夹点以调整行列数

指定行数和列数:

选择夹点以编辑阵列或 [关联(AS)/基点(B)/计数(COU)/间距(S)/列数(COL)/行数(R)/层数(L)/退出(X)]

<退出>:　　　　　　　　　　　　　　//拖动向右的三角箭头夹点，以设置列间距

** 列间距 **

指定列之间的距离:23↙　　　//拖动夹点指定距离或者直接输入列间距数值

选择夹点以编辑阵列或 [关联(AS)/基点(B)/计数(COU)/间距(S)/列数(COL)/行数(R)/层数(L)/退出(X)]

<退出>:　　　　　　　　　　//拖动向下三角箭头，以指定行间距

** 行间距**

指定行之间的距离:19↙　　　//拖动夹点指定距离或直接输入行间距数值

按 Enter 键接受或 [关联(AS)/基点(B)/行(R)/列(C)/层(L)/退出(X)] <退出>:↙

从上述操作可以看出，AutoCAD 2016的阵列方式更为智能、直观和灵活，用户可以边操作边调整阵列效果，从而大大降低了阵列操作的难度。

图 4-86

3. 环形阵列

"环形阵列"通过围绕指定的圆心复制选定对象来创建阵列。

在命令提示行中选择"极轴"选项、单击"环形阵列"按钮🔳或直接输入"ARRAYPOLAR"命令，即可进行环形阵列。

下面以图 4-87 所示的环形阵列实例进行说明，命令行操作如下。

命令：AR↙　　　　　　　　　　　　　　//执行"阵列"命令

选择对象: 找到1个　　　　　　　　　　//选择阵列多边形

选择对象: 输入阵列类型 [矩形(R)/路径(PA)/极轴(PO)] <矩形>:PO↙　　　 //选择"极轴"选项

类型 = 极轴 关联 = 是

指定阵列的中心点或 [基点(B)/旋转轴(A)]:　　　　//指定圆心作为阵列中心点

选择夹点以编辑阵列或 [关联(AS)/基点(B)/项目(I)/项目间角度(A)/填充角度(F)/行(ROW)/层(L)/旋转项目(ROT)/退出(X)] <退出>: I✓　　　　　//选择"项目"选项表示数量

输入阵列中的项目数或 [表达式(E)] <6>: 6✓　//输入阵列后的总数量（包括源对象）

选择夹点以编辑阵列或 [关联(AS)/基点(B)/项目(I)/项目间角度(A)/填充角度(F)/行(ROW)/层(L)/旋转项目(ROT)/退出(X)] <退出>:F✓　　　　　//选择"填充角度"选项表示总阵列角度

指定填充角度(+=逆时针、-=顺时针)或 [表达式(EX)] <360>: 360✓　　//输入总阵列角度值

选择夹点以编辑阵列或 [关联(AS)/基点(B)/项目(I)/项目间角度(A)/填充角度(F)/行(ROW)/层(L)/旋转项目(ROT)/退出(X)] <退出>:　　　　　//按 Enter 键确认

图 4-87 所示的是使用指定项目总数和总填充角度进行环形阵列的效果，在已知阵列项目的个数和分布弧形区域的总角度时，利用该选项进行环形阵列操作较为方便。

如果只知道项目总数和项目间的角度，可以选择"项目间角度"选项，以精确快捷地绘制出已知各项目间夹角和数目的环形阵列图形对象，如图 4-88 所示。

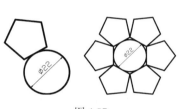

图 4-87

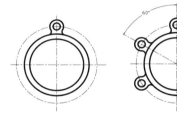

图 4-88

执行上述"环形阵列"命令后，命令行操作如下。

命令:AR✓　　　　　　　　　　//执行"阵列"命令

选择对象:找到4个　　　　　　//选择阵列对象

选择对象:输入阵列类型 [矩形(R)/路径(PA)/极轴(PO)] <矩形>:PO✓　　　//选择"极轴"选项

类型=极轴　关联=是

指定阵列的中心点或 [基点(B)/旋转轴(A)]:　　//指定圆环圆心作为阵列中心点

选择夹点以编辑阵列或 [关联(AS)/基点(B)/项目(I)/项目间角度(A)/填充角度(F)/行(ROW)/层(L)/旋转项目(ROT)/退出(X)] <退出>: A✓　　　　//选择"项目间角度"选项

指定项目间的角度或 [表达式(EX)] <90>: 60✓　//输入项目间角度值

选择夹点以编辑阵列或 [关联(AS)/基点(B)/项目(I)/项目间角度(A)/填充角度(F)/行(ROW)/层(L)/旋转项目(ROT)/退出(X)] <退出>: I✓　　　　　//选择"项目"选项

输入阵列中的项目数或 [表达式(E)] <4>: 3✓　//输入项目阵列数量

选择夹点以编辑阵列或 [关联(AS)/基点(B)/项目(I)/项目间角度(A)/填充角度(F)/行(ROW)/层(L)/旋转项目(ROT)/退出(X)] <退出>: ✓　　　　　//按 Enter 键确认

此外，用户也可以通过指定总填充角度和相邻项目间夹角的方式，定义出阵列项目的具体数量，进行源对象的环形阵列操作，如图 4-89 所示。

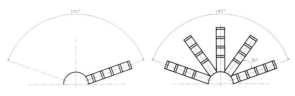

图 4-89

其操作方法同前面介绍的环形阵列操作方法相同，命令行操作如下。

命令:AR↙　　　　　　　　//执行"阵列"命令

选择对象:找到11个　　//选择阵列对象

选择对象:输入阵列类型[矩形(R)/路径(PA)/极轴(PO)]<矩形>:PO↙　　　　　　//选择"极轴"选项

类型 = 极轴　关联 = 是

指定阵列的中心点或 [基点(B)/旋转轴(A)]:　　　//指定圆心为阵列中心点

选择夹点以编辑阵列或 [关联(AS)/基点(B)/项目(I)/项目间角度(A)/填充角度(F)/行(ROW)/层(L)/旋转项目(ROT)/退出(X)] <退出>: A↙　//选择"项目间角度"选项

指定项目间的角度或 [表达式(EX)] <90>: 35↙　//输入项目间角度值

选择夹点以编辑阵列或 [关联(AS)/基点(B)/项目(I)/项目间角度(A)/填充角度(F)/行(ROW)/层(L)/旋转项目(ROT)/退出(X)] <退出>: f↙　//选择"填充角度"选项

指定填充角度(+=逆时针，−=顺时针)或 [表达式(EX)] <360>: 140↙　　　　//输入填充角度值

选择夹点以编辑阵列或 [关联(AS)/基点(B)/项目(I)/项目间角度(A)/填充角度(F)/行(ROW)/层(L)/旋转项目(ROT)/退出(X)] <退出>: ↙　　//按 Enter 键确认

4. 路径阵列

"路径阵列"沿路径或部分路径均匀分布对象副本。

在命令提示行中选择"路径"选项、单击"路径阵列"按钮 或直接输入"ARRAYPATH"命令，即可进行路径阵列。图 4-90 所示的路径阵列命令行操作如下。

命令:AR↙　　　　　　　　　　　　//执行"阵列"命令

选择对象: 找到1个　　　　　　　　//选择多边形

选择对象:输入阵列类型[矩形(R)/路径(PA)/极轴(PO)]<极轴>:PA↙　　　　　　//选择"路径"选项

类型 = 路径　关联 = 是

选择路径曲线:　　　　　　　　　　//选择样条曲线作为阵列路径

选择夹点以编辑阵列或 [关联(AS)/方法(M)/基点(B)/切向(T)/项目(I)/行(R)/层(L)/对齐项目(A)/ Z方向(Z)/退出(X)] <退出>: B↙

指定基点或 [关键点(K)] <路径曲线的终点>:　　//指定路径始点为基点

选择夹点以编辑阵列或 [关联(AS)/方法(M)/基点(B)/切向(T)/项目(I)/行(R)/层(L)/对齐项目(A)/ Z方向(Z)/退出(X)] <退出>: T↙

指定切向矢量的第一个点或 [法线(N)]:　　　//指定点A为基点，该点与路径始点对齐

指定切向矢量的第二个点:　　//指定点B

选择夹点以编辑阵列或 [关联(AS)/方法(M)/基点(B)/切向(T)/项目(I)/行(R)/层(L)/对齐项目(A)/ Z方向

(Z)/退出(X)〕〈退出〉：I↙

指定沿路径的项目之间的距离或〔表达式(E)〕：　//指定阵列项目间距

指定项目数或〔填写完整路径(F)/表达式(E)〕〈11〉：　//拖动十字光标以确定阵列数目或直接输入阵列数量

选择夹点以编辑阵列或〔关联(AS)/方法(M)/基点(B)/切向(T)/项目(I)/行(R)/层(L)/对齐项目(A)/ Z方向(Z)/退出(X)〕〈退出〉：　　　　　//绘图区会显示出阵列预览，按 Enter 键接受或修改参数

　　在路径阵列过程中，选择不同的基点和方向矢量，将得到不同的路径阵列结果，如图 4-90 所示。

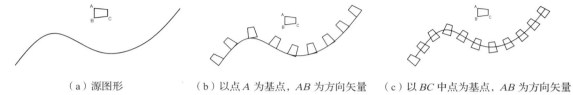

（a）源图形　　　　　（b）以点 A 为基点，AB 为方向矢量　　　（c）以 BC 中点为基点，AB 为方向矢量

图 4-90

5. 编辑关联阵列

　　在阵列创建完成后，可以将所有阵列对象当作一个整体进行编辑。要编辑阵列特性，可使用"ARRAYEDIT"命令、"特性"选项卡或夹点3种方式。

　　选择阵列对象后，阵列对象上将显示三角形和方形的蓝色夹点，拖动中间的三角形夹点可以调整阵列项目之间的距离；拖动一端的三角形夹点可以调整阵列的数目，如图 4-91 所示。

（a）选择阵列对象　　　　　（b）编辑项目间距　　　　　（c）编辑项目数

图 4-91

　　如果当前使用的是"草图与注释"空间，则在选择阵列对象时会出现相应的"阵列"选项卡，在此可以快速设置阵列的相关参数，如图 4-92 所示。

图 4-92

　　按住 Ctrl 键并单击阵列中的项目，可以单独删除、移动、旋转或缩放选定的项目，而不会影响其余的阵列，如图 4-93 所示。

　　单击"阵列"选项卡中的"替换项目"按钮，可以使用其他对象替换选定的项目，其他阵列项目将保持不变，如图 4-94 所示。

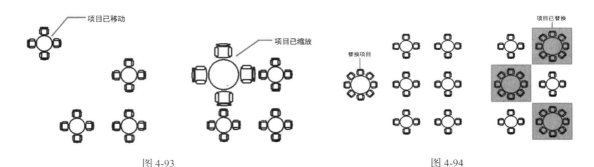

图 4-93　　　　　　　　　　　　　图 4-94

单击"阵列"选项卡中的"编辑来源"按钮，可以进入阵列项目源对象编辑状态，保存更改后，所有的更改（包括创建的新的对象）将立即应用于参考相同源对象的所有项目，如图 4-95 所示。

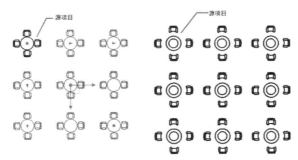

图 4-95

4.4　辅助绘图

图形绘制完成后，有时还需要对细节部分做一定的处理，这些细节处理包括倒角、圆角、曲线及多段线的调整等，此外，部分图形可能还需要分解或打断以进行二次编辑，如矩形、多边形等。

4.4.1　课堂案例——绘制吊钩图形

学习目标：吊钩图形如图 4-96 所示。在吊钩图的绘制过程中，需要用到大量的编辑命令，希望通过本例，读者可以加强和巩固本章中所讲的各种图形编辑知识。

知识要点：先通过"圆"命令绘制出吊钩的外围形状，然后通过"修剪"命令进一步完善，接着使用"镜像"命令和"直线"命令绘制其余部分。

素材文件：第 4 章 \4.4.1 绘制吊钩图形 .dwg。

（1）打开素材文件，如图 4-97 所示。

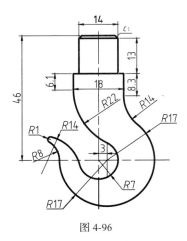

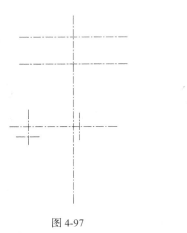

图 4-96   图 4-97

（2）将图层切换至"轮廓线层"，输入"C"执行"圆"命令，根据命令行的提示，以辅助线的交点为圆心，绘制一个半径为29的圆1。按空格键重复执行命令，指定另一个交点为圆心，绘制半径为12的圆2，按照同样的方法绘制一个半径为14的圆3。按空格键重复执行命令，选择"切点、切点、半径"选项，根据命令行的提示指定第一个切点A，再指定第二个切点B，输入半径值为"24"，完成圆4的绘制，如图 4-98 所示。

（3）输入"L"执行"直线"命令，绘制直线，如图 4-99 所示，命令行操作如下。

```
命令: L↙
指定第一点:                               //指定直线第一个点C
指定下一点或 [放弃(U)]:@-7, 0↙
指定下一点或 [放弃(U)]:@0, -23↙
指定下一点或 [闭合(C)/放弃(U)]:@-2, 0↙
指定下一点或 [闭合(C)/放弃(U)]:@0, -23↙     //利用相对坐标输入法绘制直线
```

（4）输入"MI"执行"镜像"命令，以中心线为镜像中心线，镜像复制得到另一边的图形。

（5）绘制倒角。输入"CHA"执行"倒角"命令，输入倒角距离为"2"，对图形进行倒角处理，如图 4-100 所示。

（6）输入"L"执行"直线"命令，连接线段，如图 4-101 所示。

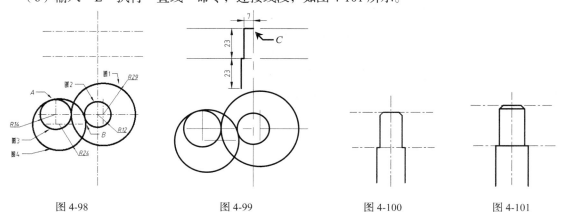

图 4-98   图 4-99   图 4-100   图 4-101

（7）输入"C"执行"圆"命令，根据命令行的提示，选择"切点、切点、半径"选项，指定第一个切点 D 和第二个切点 E，并输入半径值为"24"，完成圆5的绘制。按照上述方法分别指定 F、G 两个切点，输入半径值为"36"，完成圆6的绘制，如图 4-102 所示。

（8）输入"TR"执行"修剪"命令，修剪多余的线段，修剪后的图形如图 4-103 所示。

（9）绘制圆角。输入"F"执行"圆角"命令，根据命令行的提示输入圆角半径值为"2"，对图形进行圆角处理，如图 4-104 所示。

（10）最终绘制的吊钩图形如图 4-105 所示。执行"文件"|"保存"命令，保存图形。

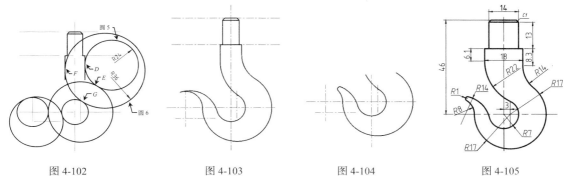

图 4-102   图 4-103   图 4-104   图 4-105

4.4.2 圆角

利用"圆角"命令可以将两条相交的直线通过一个圆弧连接起来。执行"圆角"命令有以下几种方法。

- 功能区：单击"修改"面板上的"圆角"按钮，如图 4-106 所示。
- 菜单栏：执行"修改"|"圆角"命令。
- 命令行：FILLET 或 F。

绘制"圆角"的方法与绘制"倒角"的方法相似，在命令行中输入"R"，可以设置圆角的半径值，对图形进行圆角操作，如图 4-107 所示。

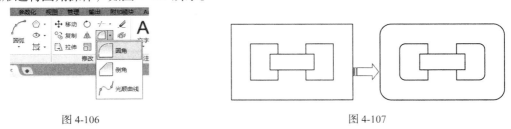

图 4-106   图 4-107

执行该命令后，命令行操作如下。

选择第一个对象或 [放弃(U)/多段线(P)/半径(R)/修剪(T)/多个(M)]：

命令行中各选项的含义如下。

- 放弃：放弃上一次的圆角操作。
- 多段线：选择该选项，将对选择的多段线中每个顶点处的相交直线进行圆角操作，并且圆角操作后的圆弧线段将成为多段线中的新线段。

- 半径：选择该选项，设置圆角的半径值。
- 修剪：选择该选项，设置是否修剪对象。
- 多个：选择该选项，可以在依次执行命令的情况下对多个对象进行圆角操作。

在AutoCAD 2016中，两条平行直线也可进行圆角操作，圆角直径为两条平行线之间的距离，如图 4-108 所示。

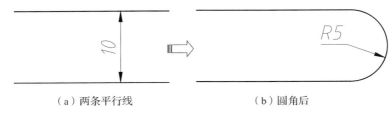

（a）两条平行线　　　　　　　　　　　（b）圆角后

图 4-108

重复执行"圆角"命令时，圆角的半径值和修剪选项无须重新设置，直接选择圆角对象即可，系统默认以上一次的参数创建圆角。

4.4.3　倒角

"倒角"命令用于将两条非平行直线或多段线以一条斜线相连。执行"倒角"命令有以下几种方法。

- 功能区：单击"修改"面板上的"倒角"按钮，如图 4-109 所示。
- 菜单栏：执行"修改"|"倒角"命令。
- 命令行：CHAMFER 或 CHA。

默认情况下，选择需要进行倒角的两条相邻的直线，然后按当前的倒角大小对这两条直线进行倒角操作。图 4-110 所示为绘制的倒角的图形。

图 4-109

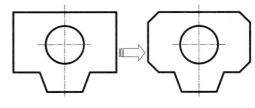

图 4-110

执行该命令后，命令行操作如下。

选择第一条直线或[放弃(U)/多段线(P)/距离(D)/角度(A)/修剪(T)/方式(E)/多个(M)]:

命令行中各选项的含义如下。

- 放弃：放弃上一次的倒角操作。
- 多段线：对整个多段线每个顶点处的相交直线进行倒角操作，并且倒角后的线段将成为多段线中的新线段。
- 距离：通过设置两个倒角边的倒角距离来进行倒角操作，如图 4-111 所示。
- 角度：通过设置一个角度和一个距离来进行倒角操作，如图 4-112 所示。
- 修剪：设定是否对倒角进行修剪。

- 方式：选择倒角方式，与选择"距离"或"角度"选项的作用相同。
- 多个：选择该选项，可以对多组对象进行倒角操作。

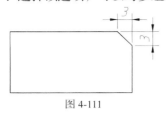

图 4-111

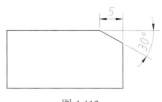

图 4-112

4.4.4 光顺曲线

"光顺曲线"命令可以在两条开放曲线的端点之间创建相切或平滑的样条曲线，有效对象包括直线、圆弧、椭圆弧、螺旋线、没闭合的多段线和没闭合的样条曲线等。

执行"光顺曲线"命令有以下几种方法。

- 功能区：在"默认"选项卡中，单击"修改"面板中的"光顺曲线"按钮，如图 4-113 所示。
- 菜单栏：执行"修改"|"光顺曲线"命令。
- 命令行：BLEND。

"光顺曲线"命令的操作方法与"倒角"类似，依次选择需要光顺的两个对象即可，效果如图 4-114 所示。

图 4-113

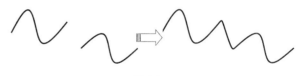

图 4-114

执行"光顺曲线"命令后，命令行操作如下。

命令：BLEND↙   //执行"光顺曲线"命令
连续性 = 相切
选择第一个对象或 [连续性(CON)]：   //选择需要光顺的对象
选择第二个点：CON↙   //选择"连续性"选项
输入连续性 [相切(T)/平滑(S)] <相切>：S↙   //选择"平滑"选项
选择第二个点：   //单击第二个点完成命令操作

命令行中各选项的含义如下。

- 连续性：设置连接曲线的过渡类型。
- 相切：创建一条3阶样条曲线，在选定对象的端点处具有相切连续性。
- 平滑：创建一条5阶样条曲线，在选定对象的端点处具有曲率连续性。

4.4.5 编辑多段线

"编辑多段线"命令专门用于编辑修改已经存在的多段线，以及从直线或曲线转化来的多段线。执行"多段线"命令的方式有以下几种。

- 功能区：单击"修改"面板中的"编辑多段线"按钮，如图 4-115 所示。
- 菜单栏：执行"修改"|"对象"|"多段线"命令，如图 4-116 所示。
- 命令行：PEDIT 或 PE。

图 4-115

图 4-116

执行"编辑多段线"命令后，选择需要编辑的多段线，命令行操作如下。

命令: PE↙   //执行"编辑多段线"命令
选择多段线或 [多条(M)]:   //选择一条或多条多段线
输入选项 [闭合(C)/合并(J)/宽度(W)/编辑顶点(E)/拟合(F)/样条曲线(S)/非曲线化(D)/线型生成(L)/反转
(R)/放弃(U)]:   //提示选择选项

下面介绍常用的选项。

1. 合并

"合并"选项是"编辑多段线"命令中较常用的一种编辑操作，可以将首尾相连的不同多段线合并成一个多段线。它还能够将首尾相连的非多段线（如直线、圆弧等）连接起来，并转化成一个单独的多段线，这个功能在三维建模中经常用到。

2. 闭合

对于首尾相连的闭合多段线，可以进入"闭合"选项的下一级选项中选择"打开"选项，删除多段线的最后一段线段；对于非闭合的多段线，可以选择"闭合"选项，连接多段线的起点和终点，形成闭合多段线。

3. 拟合 / 样条曲线 / 非曲线化

多段线和平滑曲线之间可以相互转换，相关操作的选项如下。

- 拟合：用曲线拟合方式将已存在的多段线转化为平滑曲线。得到的曲线经过多段线的所有顶点并成切线方向，如图 4-117 所示。
- 样条曲线：用样条拟合方式将已存在的多段线转化为平滑曲线。得到的曲线经过第一个和最后一个顶点，如图 4-118 所示。
- 非曲线化：将平滑曲线还原成为多段线，并删除所有拟合曲线，如图 4-119 所示。

图 4-117   图 4-118   图 4-119

4. 编辑顶点

选择"编辑顶点"选项，可以对多段线的顶点进行增加、删除、移动等操作，从而修改整个多段线的形状。选择该选项后，命令行进入顶点编辑模式。

输入顶点编辑选项[下一个(N)/上一个(P)/打断(B)/插入(I)/移动(M)/重生成(R)/拉直(S)/切向(T)/宽度(W)/退出(X)]<退出>

各选项的含义说明如下。

- 下一个/上一个：用于选择编辑顶点。选择相应的选项后，屏幕上的"×"将移到下一个顶点或上一个顶点，以便选择并编辑其他选项。
- 打断：使多段线在编辑顶点处断开。选择该选项后，需要在下一级选项中选择"调用"选项，操作才能生效。
- 插入：在编辑顶点处增加新顶点，从而增加多段线的线段数目。
- 移动：移动编辑顶点的位置，从而改变整个多段线形状。
- 重生成：编辑多段线后，重画多段线，刷新屏幕，显示编辑后的效果。
- 拉直：删除顶点并拉直多段线。选择该选项后，在下一级选项中选择"调用"选项，并移动"×"，移动过程中经过的顶点将被删除，从而拉直多段线。
- 切向：为编辑顶点增加一个切线方向。将多段线拟合成曲线时，该切线方向将会被用到，该选项对现有的多段线形状不会有影响。
- 宽度：设置编辑顶点处的多段线宽度。
- 退出：退出顶点编辑模式。

5. 宽度 / 线型生成

- 宽度：修改多段线线宽值。这个选项只能使多段线各段具有统一的线宽值。如果要设置各段不同的线宽值或渐变线宽，可到"顶点编辑"模式下选择"宽度"选项进行编辑。
- 线型生成：生成经过多段线顶点的连续图案线型。关闭此选项，将在每个顶点处以点画线开始和结束生成线型。"线型生成"不能用于有渐变线宽的多段线。

4.4.6 对齐

"对齐"命令可以使当前的对象与其他对象对齐，既适用于二维对象，也适用于三维对象。在对齐二维对象时，可以指定一对或二对对齐点（源点和目标点），在对齐三维对象时则需要指定三对对齐点。

执行"对齐"命令有以下几种方法。

- 功能区：单击"修改"面板中的"对齐"按钮，如图 4-120 所示。
- 菜单栏：执行"修改"|"三维操作"|"对齐"命令，如图 4-121 所示。
- 命令行：ALIGN 或 AL。

图 4-120   图 4-121

执行"对齐"命令后，根据命令行提示，依次选择源点和目标点，按 Enter 键结束操作，如图 4-122 所示。

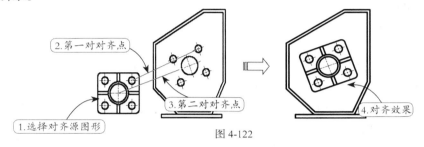

图 4-122

4.4.7　分解

"分解"命令可以将某些特殊的对象分解成多个独立的部分，以便于更精细的编辑，主要用于将复合对象，如矩形、多段线、块等，还原为一般对象。分解后的对象，其颜色、线型和线宽都可能发生改变。

执行"分解"命令有以下几种方法。

- 功能区：单击"修改"面板中的"分解"按钮，如图 4-123 所示。
- 菜单栏：执行"修改"|"分解"命令，如图 4-124 所示。
- 命令行：EXPLODE 或 X。

执行"分解"命令后，选择要分解的图形对象，按 Enter 键，即可完成分解操作。图 4-125 所示的显示器被分解后，可以单独选择其中的一条边。

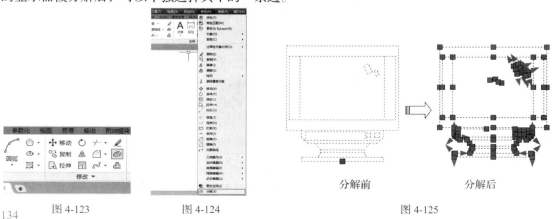

图 4-123   图 4-124   图 4-125

4.4.8 打断

根据打断点数量的不同，"打断"命令可以分为"打断"和"打断于点"两种。

1. 打断

执行"打断"命令有以下几种方法。

- 功能区：单击"修改"面板中的"打断"按钮🔲，如图 4-126 所示。
- 菜单栏：执行"修改"|"打断"命令，如图 4-127 所示。
- 命令行：BREAK 或 BR。

"打断"命令可以在选择的线条上创建两个打断点，从而将线条断开。默认情况下，系统会以选择对象时的拾取点作为第一个打断点，若直接在对象上选择另一个点，则可去除两个点之间的图形线段；如果在对象之外指定一个点为第二个打断点，系统将以该点到被打断对象的垂直点为第二个打断点，去除两个点间的线段。

图 4-128 所示为打断对象的过程，可以看到利用"打断"命令能快速完成图形效果的调整。

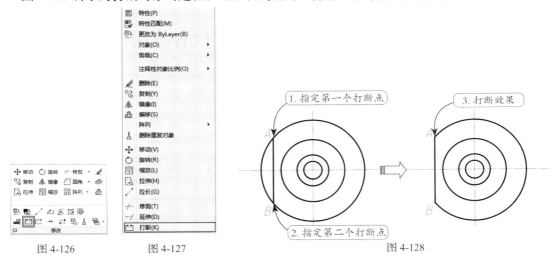

图 4-126　　　　图 4-127　　　　　　　　　　　图 4-128

通常"打断"命令是从第二个点开始的，只有在命令行输入字母"F"，选择"第一点"选项后才能选择打断第一个点。在选择断开终点时，如果在直线以外的某一位置单击，可以直接删除断开起点一侧的所有部分。断开图 4-129 所示的直线AB，命令行操作如下。

命令：BREAK↙　　　　　　　　　　//执行"打断"命令

选择对象：

指定第二个打断点 或 [第一点(F)]：F↙　　//选择"第一点"选项

指定第一个打断点：　　　　　　　　//指定下端点

指定第二个打断点：　　　　　　　　//指定点A

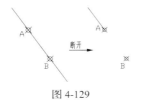

图 4-129

2.打断于点

"打断于点"命令同样可以将对象断开。执行"打断于点"命令有以下几种方法。

- 功能区：单击"修改"面板上的"打断于点"按钮，如图4-130所示。
- 工具栏：单击"修改"工具栏中的"打断于点"按钮。

"打断于点"命令在执行过程中，需要选择的参数有打断对象和一个打断点。用此命令打断的对象之间没有间隙，只会增加打断点，图4-131所示为已打断的图形。

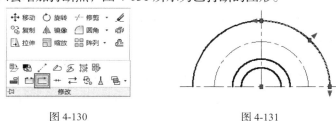

图 4-130   图 4-131

4.4.9 合并

"合并"命令用于将独立的图形对象合并为一个整体。它可以将多个对象进行合并，包括圆弧、椭圆弧、直线、多段线和样条曲线等。

执行"合并"命令有以下几种方法。

- 功能区：单击"修改"面板中的"合并"按钮，如图 4-132 所示。
- 菜单栏：执行"修改"|"合并"命令，如图 4-133 所示。
- 命令行：JOIN 或 J。

执行"合并"命令后，选择要合并的对象，按 Enter 键退出，效果如图 4-134 所示。

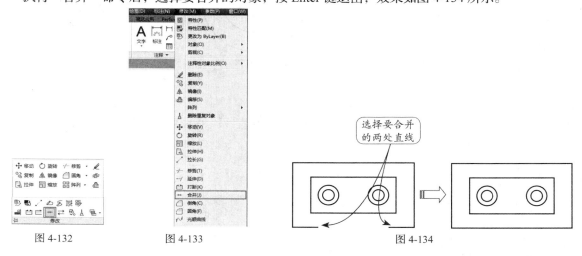

图 4-132   图 4-133   图 4-134

4.5 通过夹点编辑图形

所谓"夹点"，指的是图形对象上的一些特征点，如端点、顶点、中点、中心点等，图形的位置和形状通常是由夹点的位置决定的。在AutoCAD 2016中，夹点是一种集成的编辑模式，利用夹点可以编辑图形的大小、位置、方向，或对图形进行镜像、复制等操作。

在夹点模式下，图形对象以虚线显示，图形上的特征点（如端点、圆心、象限点等）将显示为蓝色的小方框，如图 4-135 所示，这样的小方框称为"夹点"。

图 4-135

4.5.1 课堂案例——绘制装饰网格

学习目标：使用夹点工具修改图形外形，再使用阵列等编辑工具做出最终效果。

知识要点：夹点在绘图过程中是一个重要的辅助工具，它的优势只有在绘图过程中才能体现。本例在已有的图形上先进行夹点操作以修改图形，然后通过编辑命令进一步绘制和修改图形，如图 4-136所示。本例综合运用了夹点操作和编辑命令，极大提高了绘图效率。

素材文件：第 4 章 \4.5.1 绘制装饰网格 .dwg。

（1）打开素材文件，如图 4-137 所示。

（2）单击细实线矩形两边的竖直线，呈现夹点状态，将直线向下竖直拉伸，如图 4-138 所示。

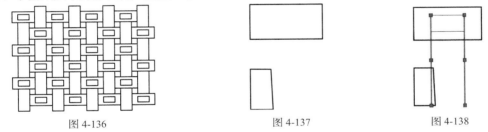

图 4-136   图 4-137   图 4-138

（3）单击左下端不规则的四边形，拖动四边形的右上端点到细实线与矩形的交点处，如图 4-139所示。

（4）使用相同的办法，拖动不规则四边形的左上端点到另一条细实线与矩形的交点处，如图 4-140 所示。

（5）按F8键开启正交模式，选择不规则四边形，水平拖动其下端点连接到竖直细实线，效果如图 4-141 所示。

（6）单击细实线矩形两边的竖直线，呈现夹点状态，如图 4-142 所示。

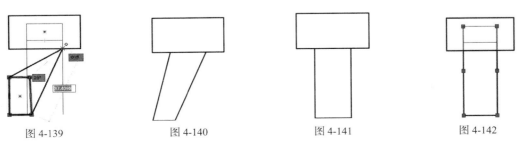

图 4-139   图 4-140   图 4-141   图 4-142

（7）分别拖动竖直细实线，使其缩短到原来的位置，如图 4-143 所示。

（8）单击"绘图"面板中的"镜像"按钮◢，以矩形上水平线为镜像线，镜像整个图形，如图 4-144 所示。

（9）单击"绘图"面板中的"移动"按钮✛，设置"对象"为镜像图形、"基点"为左端竖直线段的中点，如图 4-145 所示。

（10）拖动基点到原图形下矩形右端竖直线的中点，效果如图 4-146 所示。

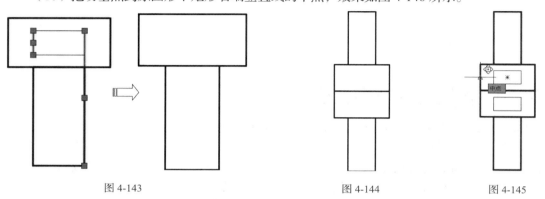

图 4-143　　　　　　　　　　　　图 4-144　　　　图 4-145

（11）单击"修改"面板中的"矩形阵列"按钮▦，设置"阵列对象"为整个图形，参数设置如图 4-147 所示。

图 4-146　　　　　　　　　　　　图 4-147

（12）最终效果如图 4-148 所示。

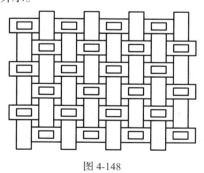

图 4-148

4.5.2　利用夹点拉伸对象

在不执行任何命令的情况下选择对象，将会显示其夹点。单击其中一个夹点，进入编辑状态。

此时，AutoCAD 2016自动将其作为拉伸的基点，系统默认进入"拉伸"编辑模式，命令行操作如下。

指定拉伸点或 [基点(B)/复制(C)/放弃(U)/退出(X)]:

命令行中各选项的含义说明如下。

- 基点：重新确定拉伸基点。
- 复制：允许确定一系列的拉伸点，以实现多次拉伸。
- 放弃：取消上一次操作。
- 退出：退出当前操作。

利用夹点拉伸对象如图 4-149 所示。

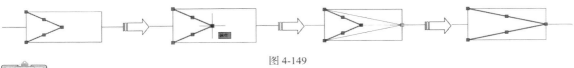

图 4-149

> **提示**
>
> 某些夹点在被拖动时只能被移动而不能被拉伸，如文字、块、直线中点、圆心、椭圆中心和点对象上的夹点。

4.5.3 利用夹点移动对象

对夹点进行编辑操作时，可以在命令行输入"S""M""CO""SC""MI"等基本修改命令，也可以按 Enter 键或空格键在不同的修改命令间切换。在命令行提示下输入"MO"并按 Enter 键，进入移动模式，命令行操作如下。

** 移动 **
指定移动点或 [基点(B)/复制(C)/放弃(U)/退出(X)]:

通过输入点的坐标或拾取点的方式来确定平移对象的目标点，以基点为平移的起点，以目标点为终点，将所选对象平移到新位置。利用夹点移动对象如图 4-150 所示。

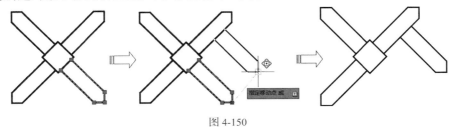

图 4-150

4.5.4 利用夹点旋转对象

在夹点编辑模式下确定基点后，在命令行提示下输入"RO"并按 Enter 键，进入旋转模式，命令行操作如下。

** 旋 转 **
指定旋转角度或 ［基点(B)/复制(C)/放弃(U)/参照(R)/退出(X)］:

　　默认情况下，输入旋转角度值或通过拖动方式确定旋转角度后，即可使旋转对象以指定点为基点旋转指定角度。也可以选择"参照"选项，以参照方式旋转对象。利用夹点旋转对象如图 4-151 所示。

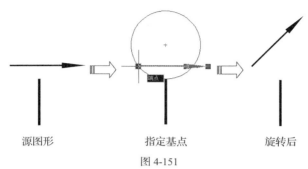

源图形　　　　　　　　指定基点　　　　　　　旋转后

图 4-151

4.5.5　利用夹点缩放对象

　　在夹点编辑模式下确定基点后，在命令行提示下输入"SC"并按 Enter 键，进入缩放模式，命令行操作如下。

** 比例缩放 **
指定比例因子或 ［基点(B)/复制(C)/放弃(U)/参照(R)/退出(X)］:

　　默认情况下，当确定了缩放的比例因子后，AutoCAD 2016将相对于基点进行缩放对象操作。当比例因子大于 1 时放大对象；当比例因子大于 0 且小于 1 时缩小对象。利用夹点缩放对象如图 4-152 所示。

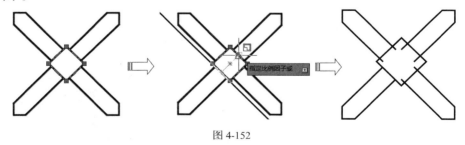

图 4-152

4.5.6　利用夹点镜像对象

　　在夹点编辑模式下确定基点后，在命令行提示下输入"MI"并按 Enter 键，进入镜像模式，命令行操作如下。

** 镜像 **
指定第二点或 ［基点(B)/复制(C)/放弃(U)/退出(X)］:

指定镜像线上的第二个点后，AutoCAD 2016将以基点作为镜像线上的第一个点，对对象进行镜像操作并删除源对象。利用夹点镜像对象如图 4-153 所示。

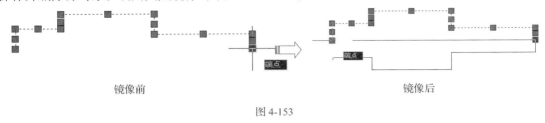

镜像前　　　　　　　　　　　　　　　　　　镜像后

图 4-153

4.6　课堂练习——绘制挡圈

知识要点：弹性挡圈是用来紧固在轴或孔上的圈形机件，可以防止装在轴或孔上的其他零件移动。弹性挡圈的主体结构可以看作两个不同心的圆，如图 4-154 所示。因此在绘制时可以先绘制两个圆，然后通过添加辅助线进行修剪，得到其他结构。

素材文件：第 4 章 \4.6 绘制挡圈 .dwg。

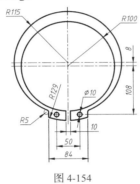

图 4-154

4.7　课后习题——绘制同步带

知识要点：同步带是以钢丝绳或玻璃纤维为强力层，以聚氨酯或氯丁橡胶为外覆制成的环形带，内周成齿状，以与齿轮啮合，如图4-155所示。在绘制同步带时，可以先单独绘制其中一个内齿，然后通过阵列方法创建其余的部分。

素材文件：第 4 章 \4.7 绘制同步带 .dwg。

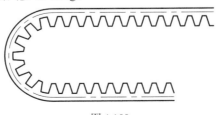

图 4-155

第5章

创建图形标注

本章介绍

　　使用 AutoCAD 2016 进行绘图时，首先要明确一点：图形中的线条长度并不代表物体的真实尺寸，一切数值应以标注为准。无论是零件加工还是建筑施工，所依据的都是标注的尺寸。尺寸标注是绘图中非常重要的部分。一些成熟的设计师在现场或无法使用 AutoCAD 时，会直接用笔在纸上手绘出草图，图不一定要画得好看，但记录的数据必须准确。由此可见，图形仅是标注的辅助，标注内容才是设计图的重点。

课堂学习目标

- 掌握图形的标注方法
- 掌握标注的编辑方法
- 了解修改图形标注样式的方法

5.1 标注的创建

为了更方便、快捷地标注图纸中的各个方向和形式的尺寸等信息，AutoCAD 2016 提供了智能标注、线性、对齐、角度、半径、直径、折弯、弧长、坐标、连续和基线等多种标注方法。掌握这些标注方法可以为各种图形灵活添加尺寸标注，使其成为生产制造和施工的依据。

5.1.1 课堂案例——标注轴架零件图

学习目标：灵活使用 AutoCAD 2016 中提供的各种标注命令，为图形添加完整的注释。

知识要点：只有添加了尺寸标注的图形才是真正意义上的完整图形。有时图形会具有较复杂的结构，图 5-1 所示的轴架零件图中有直线、圆弧、曲线等多种图形结构，因此在标注时需要用到相应的标注工具进行标注。

素材文件：第 5 章 \ 5.1.1 标注轴架零件图 .dwg。

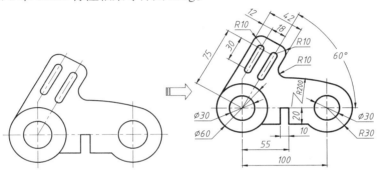

图 5-1

（1）打开素材文件，其中已绘制好一个轴架零件图形，如图 5-2 所示。

（2）单击"注释"面板中的"线性"按钮□，执行"线性"命令，命令行操作如下。

命令：_dimlinear
指定第一个尺寸界线原点或＜选择对象＞：　　　// 指定标注对象起点
指定第二条尺寸界线原点：　　　　　　　　　　// 指定标注对象终点
指定尺寸线位置或
[多行文字 (M)/ 文字 (T)/ 角度 (A)/ 水平 (H)/ 垂直 (V)/ 旋转 (R)]:
标注文字 = 100　　　　　　　　　　　　　　// 单击以确定尺寸线放置位置，完成操作

（3）用同样的方法标注其他水平或垂直方向的尺寸，标注完成后的效果如图 5-3 所示。

（4）在"默认"选项卡中，单击"注释"面板中的"对齐"按钮，执行"对齐"命令，命令行操作如下。

命令：_dimaligned
指定第一个尺寸界线原点或＜选择对象＞：　　　// 指定横槽的圆心为起点
指定第二条尺寸界线原点：　　　　　　　　　　// 指定横槽的另一个圆心为终点

指定尺寸线位置或

[多行文字 (M)/ 文字 (T)/ 角度 (A)]:

标注文字 = 30　　　　　　　　　　　　　　　　　　// 单击以确定尺寸线放置位置，完成操作

（5）操作完成后，其效果如图 5-4 所示。

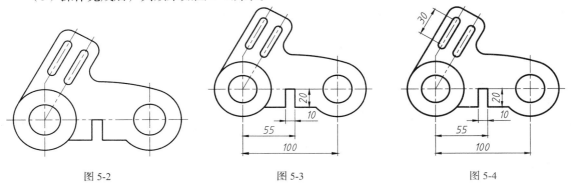

图 5-2　　　　　　　　　　　　　　　　图 5-3　　　　　　　　　　　　　　　　图 5-4

（6）用同样的方法标注其他非水平、非竖直的线性尺寸，对齐标注完成后的效果如图 5-5 所示。

（7）在"默认"选项卡中单击"注释"面板上的"角度"按钮△，执行"角度"命令，命令行操作如下。

命令：_dimangular

选择圆弧、圆、直线或 ＜ 指定顶点 ＞：　　　　　　　　　　// 选择第一条直线

选择第二条直线：　　　　　　　　　　　　　　　　　　// 选择第二条直线

指定标注弧线位置或 [多行文字 (M)/ 文字 (T)/ 角度 (A)/ 象限点 (Q)]:　　// 指定尺寸线位置

标注文字 = 60

（8）标注完成后，其效果如图 5-6 所示。

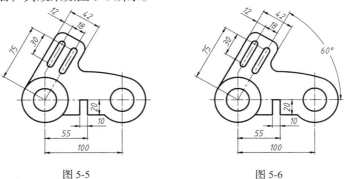

图 5-5　　　　　　　　　　　　　　　　图 5-6

（9）单击"注释"面板中的"半径"按钮◎，选择右侧的圆弧为对象，标注半径如图 5-7 所示，命令行操作如下。

命令：_dimradius

选择圆弧或圆：　　　// 选择右侧圆弧

标注文字 = 30

指定尺寸线位置或 [多行文字 (M)/ 文字 (T)/ 角度 (A)]:　　// 在合适位置放置尺寸线，结束命令

（10）用同样的方法标注圆弧和圆角，效果如图 5-8 所示。

（11）单击"注释"面板中的"直径"按钮▣，选择右侧的圆为对象，标注直径如图 5-9 所示，命令行提示如下。

```
命令：_dimdiameter
选择圆弧或圆：                                    // 选择右侧圆
标注文字 = 30
指定尺寸线位置或［多行文字(M)/文字(T)/角度(A)］：    // 在合适位置放置尺寸线，结束命令
```

（12）用同样的方法标注其他圆的直径尺寸，效果如图 5-10 所示。

（13）在"默认"选项卡中，单击"注释"面板中的"折弯"按钮⊙，选择上侧圆弧为对象，标注折弯半径如图 5-11 所示。

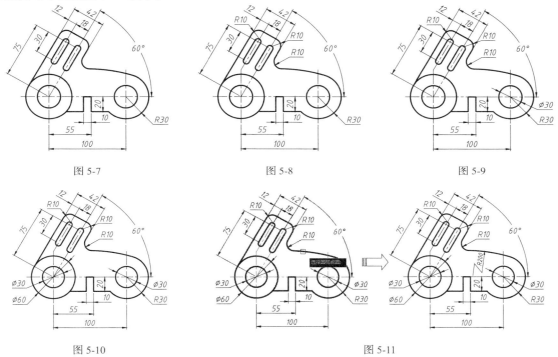

图 5-7   图 5-8   图 5-9

图 5-10   图 5-11

5.1.2 智能标注

"标注"命令为 AutoCAD 2016 的新增功能，可以根据选定的对象类型自动创建相应的标注。例如，选择一条线段，则创建线性标注；选择一段圆弧，则创建半径标注。"标注"命令可以看作以前"快速标注"命令的加强版。

执行"标注"命令有以下几种方法。

· 功能区：在"默认"选项卡中，单击"注释"面板中的"标注"按钮▣。

· 命令行：DIM。

执行"标注"命令后，将十字光标置于对应的图形对象上，就会自动创建出相应的标注，如图 5-12 所示。如果需要，可以使用命令行选项更改标注类型，命令行提示如下。

选择对象或指定第一个尺寸界线原点或 [角度 (A)/ 基线 (B)/ 连续 (C)/ 坐标 (O)/ 对齐 (G)/ 分发 (D)/ 图层 (L)/ 放弃 (U)]:　　　//选择图形或标注对象

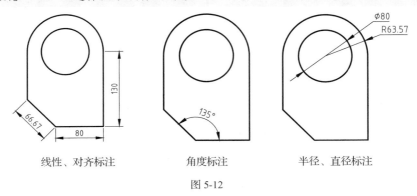

线性、对齐标注　　　　　　角度标注　　　　　　半径、直径标注

图 5-12

命令行中各选项的含义说明如下。

- 角度：创建一个角度标注来显示三个点或两条直线之间的角度，操作方法同"角度"命令，如图 5-13 所示，命令行操作如下。

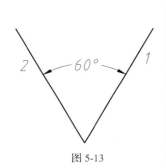

图 5-13

命令：_dim　　　　　　　　　// 执行"标注"命令
选择对象或指定第一个尺寸界线原点或 [角度 (A)/ 基线 (B)/ 连续 (C)/ 坐标 (O)/ 对齐 (G)/ 分发 (D)/ 图层 (L)/ 放弃 (U)]:A✓
　　　　　　　　　　　　　　　// 选择"角度"选项
选择圆弧、圆、直线或 [顶点 (V)]:　　// 选择第 1 个对象
选择直线以指定角度的第二条边：　　// 选择第 2 个对象
指定角度标注位置或 [多行文字 (M)/ 文字 (T)/ 文字角度 (N)/ 放弃 (U)]:
　　　　　　　　　　　　　　　// 放置角度

- 基线：从上一个或选定标准的第一条界线创建线性、角度或坐标标注，操作方法同"基线"命令，如图 5-14 所示，命令行操作如下。

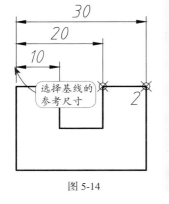

图 5-14

命令：_dim　　　　　　　　　// 执行"标注"命令
选择对象或指定第一个尺寸界线原点或 [角度 (A)/ 基线 (B)/ 连续 (C)/ 坐标 (O)/ 对齐 (G)/ 分发 (D)/ 图层 (L)/ 放弃 (U)]:　　B✓
　　　　　　　　　　　　　　　// 选择"基线"选项
当前设置：偏移 (DIMDLI) = 3.750000　// 当前的基线标注参数
指定作为基线的第一个尺寸界线原点或 [偏移 (O)]:
　　　　　　　　　　　　　　　// 选择基线的参考尺寸
指定第二个尺寸界线原点或 [选择 (S)/ 偏移 (O)/ 放弃 (U)] < 选择 >:
标注文字 = 20　　　　　　　// 选择基线标注的下一个点 1
指定第二个尺寸界线原点或 [选择 (S)/ 偏移 (O)/ 放弃 (U)] < 选择 >: 标注文字 = 30　　　　　　　// 选择基线标注的下一个点 2
……下略……　　　　　　　// 按 Enter 键结束命令

- 连续：从选定标注的第二条尺寸界线创建线性、角度或坐标标注，操作方法同"连续"命令，如图 5-15 所示，命令行操作如下。

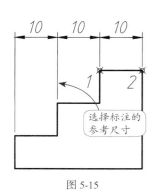

图 5-15

```
命令：_dim                          //执行"标注"命令
选择对象或指定第一个尺寸界线原点或 [ 角度 (A)/ 基线 (B)/ 连续 (C)/ 坐
标 (O)/ 对齐 (G)/ 分发 (D)/ 图层 (L)/ 放弃 (U)]：　C↙
                                   //选择"连续"选项
指定第一个尺寸界线原点以继续：      //选择标注的参考尺寸
指定第二个尺寸界线原点或 [ 选择 (S)/ 放弃 (U)] < 选择 >：
标注文字 = 10                       //选择连续标注的下一个点 1
指定第二个尺寸界线原点或 [ 选择 (S)/ 放弃 (U)] < 选择 >：
标注文字 = 10                       //选择连续标注的下一个点 2
……下略……                         //按 Enter 键结束命令
```

- 坐标：创建坐标标注，提示选择部件上的点，如端点、交点或对象中心点，如图 5-16 所示，命令行操作如下。

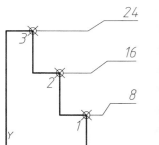

图 5-16

```
命令：_dim                          //执行"标注"命令
选择对象或指定第一个尺寸界线原点或 [ 角度 (A)/ 基线 (B)/ 连续 (C)/ 坐
标 (O)/ 对齐 (G)/ 分发 (D)/ 图层 (L)/ 放弃 (U)]：　O↙
                                   //选择"坐标"选项
指定点坐标或 [ 放弃 (U)]：         //选择点 1
指定引线端点或 [X 基准 (X)/Y 基准 (Y)/ 多行文字 (M)/ 文字 (T)/ 角度 (A)/
放弃 (U)]：
标注文字 = 8
指定点坐标或 [ 放弃 (U)]：         //选择点 2
指定引线端点或 [X 基准 (X)/Y 基准 (Y)/ 多行文字 (M)/ 文字 (T)/ 角度 (A)/ 放
弃 (U)]：
标注文字 = 16
指定点坐标或 [ 放弃 (U)]：✓ // 按 Enter 键结束命令
```

- 对齐：将多个平行、同心或同基准的标注对齐到选定的基准标注，用于调整标注，让图形看起来工整、简洁，如图 5-17 所示，命令行操作如下。

```
命令：_dim                          //执行"标注"命令
选择对象或指定第一个尺寸界线原点或 [ 角度 (A)/ 基线 (B)/ 连续 (C)/ 对齐 (G)/ 分发 (D)/ 图层 (L)/ 放
弃 (U)]：G↙                        //选择"对齐"选项
选择基准标注：                      //选择基准标注 10
选择要对齐的标注：找到 1 个         //选择要对齐的标注 12
选择要对齐的标注：找到 1 个，总计 2 个     //选择要对齐的标注 15
选择要对齐的标注：✓                //按 Enter 键结束命令
```

147

- 分发：指定分发一组选定的孤立线性标注或坐标标注，可将标注按一定间距隔开，如图 5-18 所示，命令行操作如下。

命令：_dim // 执行"标注"命令
选择对象或指定第一个尺寸界线原点或 [角度 (A)/ 基线 (B)/ 连续 (C)/ 对齐 (G)/ 分发 (D)/ 图层 (L)/ 放弃 (U)]:D✔ // 选择"分发"选项
当前设置：偏移 (DIMDLI) = 6.000000 // 当前"分发"选项的参数设置，偏移值即为间距值
指定用于分发标注的方法 [相等 (E)/ 偏移 (O)] < 相等 >：0 // 选择"偏移"选项
选择基准标注或 [偏移 (O)]: // 选择基准标注 10
选择要分发的标注或 [偏移 (O)]：找到 1 个 // 选择要隔开的标注 12
选择要分发的标注或 [偏移 (O)]：找到 1 个，总计 2 个 // 选择要隔开的标注 15
选择要分发的标注或 [偏移 (O)]：✔ // 按 Enter 键结束命令

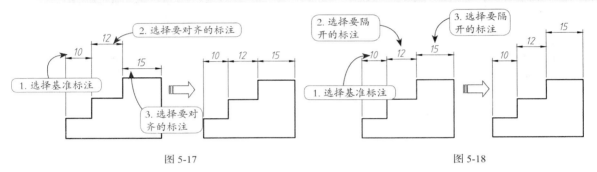

图 5-17 图 5-18

- 图层：为指定的图层指定新标注，以替代当前图层。在命令行输入"Use Current"或"."来替换当前图层。

5.1.3 线性标注

使用"线性"命令可以为水平、竖直或旋转的尺寸线创建线性的标注尺寸。"线性"命令仅用于标注任意两点之间的水平或竖直方向的距离。执行"线性"命令有以下几种方法。

- 功能区：在"默认"选项卡中，单击"注释"面板中的"线性"按钮，如图 5-19 所示。
- 菜单栏：执行"标注" | "线性"命令，如图 5-20 所示。
- 命令行：DIMLINEAR 或 DLI。

执行"线性"命令后，依次指定要测量的两个点，即可得到线性标注尺寸，命令行操作如下。

命令：_dimlinear // 执行"线性"命令
指定第一个尺寸界线原点或 < 选择对象 >： // 指定测量的起点
指定第二个尺寸界线原点： // 指定测量的终点
指定尺寸线位置或 [多行文字 (M)/ 文字 (T)/ 角度 (A)/ 水平 (H)/ 垂直 (V)/ 旋转 (R)]：
// 放置标注尺寸，结束操作

图 5-19　　　　　　　　　　　　　　图 5-20

5.1.4　对齐标注

在对直线段进行标注时，如果该直线的倾斜角度未知，那么使用线性标注的方法将无法得到准确的测量结果，这时可以使用"对齐"命令完成图 5-21 所示的标注效果。

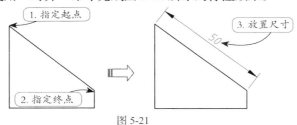

图 5-21

在 AutoCAD 2016 中执行"对齐"命令有以下几种方法。

- 功能区：在"默认"选项卡中，单击"注释"面板中的"对齐"按钮，如图 5-22 所示。
- 菜单栏：执行"标注"|"对齐"命令，如图 5-23 所示。
- 命令行：DIMALIGNED 或 DAL。

"对齐"命令的使用方法与"线性"命令相同，指定两个目标点后就可以创建尺寸标注，命令行操作如下。

```
命令：_dimaligned
指定第一个尺寸界线原点或〈选择对象〉：       //指定测量的起点
指定第二个尺寸界线原点：                     //指定测量的终点
指定尺寸线位置或 [ 多行文字 (M)/ 文字 (T)/ 角度 (A)]：
                                            //放置标注尺寸，结束操作
标注文字 = 50
```

图 5-22   图 5-23

5.1.5　角度标注

利用"角度"命令不仅可以标注两条呈一定角度的直线或 3 个点之间的夹角，选择圆弧的话，还可以标注圆弧的圆心角。在 AutoCAD 2016 中执行"角度"命令有以下几种方法。

- 功能区：在"默认"选项卡中，单击"注释"面板中的"角度"按钮△，如图 5-24 所示。
- 菜单栏：执行"标注"|"角度"命令，如图 5-25 所示。
- 命令行：DIMANGULAR 或 DAN。

图 5-24   图 5-25

执行"角度"命令后，选择图形上要标注角度尺寸的对象，即可进行标注，如图 5-26 所示，命令行操作如下。

```
命令：_dimangular
选择圆弧、圆、直线或＜指定顶点＞：    //选择直线 CO
选择第二条直线：                    //选择直线 AO
指定标注弧线位置或 [ 多行文字 (M)/ 文字 (T)/ 角度 (A)/ 象限点 (Q)]：
                                   //在锐角内放置圆弧线，结束命令
标注文字 = 45
↙                                  //按 Enter 键，重复执行"角度"命令
命令：_dimangular                  //执行"角度"命令
选择圆弧、圆、直线或＜指定顶点＞：//选择圆弧 AB
```

指定标注弧线位置或 [多行文字 (M)/ 文字 (T)/ 角度 (A)/ 象限点 (Q)]:

　　　　　　　　　　　　// 在合适位置放置圆弧线，结束命令

标注文字 = 50

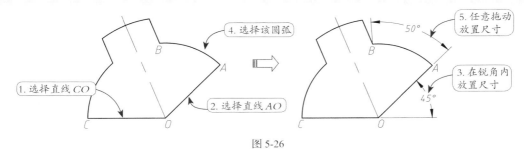

图 5-26

5.1.6　半径标注

利用"半径"命令可以快速标注圆或圆弧的半径值，系统自动在标注值前添加半径符号"R"。执行"半径"命令有以下几种方法。

- 功能区：在"默认"选项卡中，单击"注释"面板中的"半径"按钮◎，如图 5-27 所示。
- 菜单栏：执行"标注"|"半径"命令，如图 5-28 所示。
- 命令行：DIMRADIUS 或 DRA。

执行"半径"命令后，命令行提示选择需要标注的对象，单击圆或圆弧即可生成半径标注，拖动十字光标在合适的位置放置尺寸线，如图 5-29 所示，命令行操作如下。

命令：_dimradius　　// 执行"半径"命令
选择圆弧或圆：　　　// 单击选择圆弧 A
标注文字 = 150
指定尺寸线位置或 [多行文字 (M)/ 文字 (T)/ 角度 (A)]:　// 在圆弧内侧合适位置放置尺寸线，结束
　　　　　　　　　　　　　　　　　　　　　　　　命令

按 Enter 键重复执行"半径"命令，标注圆弧 B 的半径。

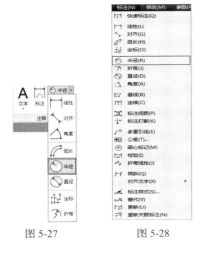

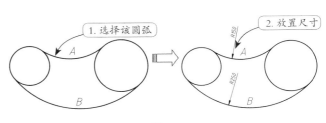

图 5-27　　　　　　图 5-28　　　　　　　　　　　　　图 5-29

在默认情况下，系统自动加注半径符号"R"。但如果在命令行中选择"多行文字"或"文字"选项重新确定尺寸文字时只有在输入的尺寸文字前加前缀，才能使标注出的半径尺寸有半径符号"R"，否则标注的半径值没有该符号。

5.1.7 直径标注

利用"直径"命令可以标注圆或圆弧的直径值，系统自动在标注值前添加直径符号"Ø"。执行"直径"命令有以下几种方法。

- 功能区：在"默认"选项卡中，单击"注释"面板中的"直径"按钮⊘，如图 5-30 所示。
- 菜单栏：执行"标注"|"直径"命令，如图 5-31 所示。
- 命令行：DIMDIAMETER 或 DDI。

直径标注的方法与半径标注的方法相同，执行"直径"命令之后，选择要标注的圆弧或圆，然后指定尺寸线的位置即可，如图 5-32 所示，命令行操作如下。

```
命令：_dimdiameter                              //执行"直径"命令
选择圆弧或圆：                                    //单击以选择圆
标注文字 = 160
指定尺寸线位置或 [ 多行文字 (M)/ 文字 (T)/ 角度 (A)]：  //在合适的位置放置尺寸线，结束命令
```

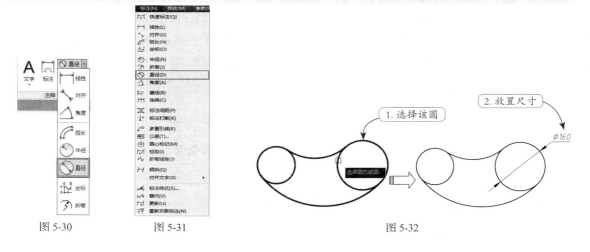

图 5-30   图 5-31   图 5-32

5.1.8 折弯标注

当圆弧半径相对于图形尺寸较大时，半径标注的尺寸线相对于图形显得过长，这时可以使用折弯标注。该标注方式与半径标注、直径标注方式基本相同，但需要指定一个位置代替圆或圆弧的圆心。执行"折弯"命令有以下几种方法。

- 功能区：在"默认"选项卡中，单击"注释"面板中的"折弯"按钮⌇，如图 5-33 所示。
- 菜单栏：执行"标注"|"折弯"命令，如图 5-34 所示。
- 命令行：DIMJOGGED。

"折弯"命令与"半径"命令的使用方法基本相同，指定一个位置代替圆或圆弧的圆心即可进行标注，如图 5-35 所示，命令行操作如下。

命令：_dimjogged　　　//执行"折弯"命令
选择圆弧或圆：　　　　//单击以选择圆弧
指定图示中心位置：　　//指定点 A
标注文字 = 250
指定尺寸线位置或 [多行文字 (M)/ 文字 (T)/ 角度 (A)]:
指定折弯位置：　　　　//指定折弯位置，结束命令

图 5-33

图 5-34

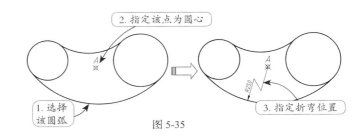

图 5-35

5.1.9　弧长标注

"弧长"命令用于标注圆弧、椭圆弧或者其他弧线的长度值。在 AutoCAD 2016 中执行"弧长"命令有以下几种方法。

- 功能区：在"默认"选项卡中，单击"注释"面板中的"弧长"按钮，如图 5-36 所示。
- 菜单栏：执行"标注" | "弧长"命令，如图 5-37 所示。
- 命令行：DIMARC。

弧长标注的操作与半径标注、直径标注的操作相同，直接选择要标注的圆弧即可，如图 5-38 所示，命令行操作如下。

命令：_dimarc　　　　　　　//执行"弧长"命令
选择弧线段或多段线圆弧段：　//单击以选择要标注的圆弧
指定弧长标注位置或 [多行文字 (M)/ 文字 (T)/ 角度 (A)/ 部分 (P)/ 引线 (L)]:
标注文字 = 67　　　　　　　//在合适的位置放置标注

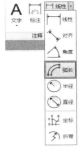

图 5-36

图 5-37

图 5-38

5.1.10 坐标标注

坐标标注是一类特殊的引注，用于标注某些点相对于 UCS 坐标原点的 X 和 Y 坐标。在 AutoCAD 2016 中执行"坐标"命令有以下几种方法。

- 功能区：在"默认"选项卡中，单击"注释"面板上的"坐标"按钮，如图 5-39 所示。
- 菜单栏：执行"标注"|"坐标"命令，如图 5-40 所示。
- 命令行：DIMORDINATE 或 DOR。

执行"坐标"命令后，指定标注点，即可进行坐标标注，如图 5-41 所示，命令行操作如下。

命令：_dimordinate
指定点坐标：   // 执行"坐标"命令
指定引线端点或 [X 基准 (X)/Y 基准 (Y)/ 多行文字 (M)/ 文字 (T)/ 角度 (A)]: // 单击选择标注点
标注文字 = 100   // 在合适的位置放置标注，结束命令

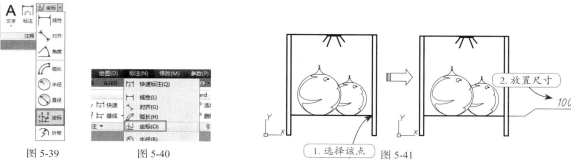

图 5-39　　　　图 5-40　　　　　　　　　　　　　图 5-41

命令行各选项的含义如下。

- 指定引线端点：通过拾取绘图区中的点确定标注文字的位置。
- X 基准：系统自动测量所选择点的 X 轴坐标值并确定引线和标注文字的方向，如图 5-42 所示。
- Y 基准：系统自动测量所选择点的 Y 轴坐标值并确定引线和标注文字的方向，如图 5-43 所示。

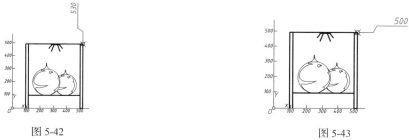

图 5-42　　　　　　　　　　　　　图 5-43

 提示

也可以通过移动十字光标的方式在"X 基准"和"Y 基准"中来回切换。十字光标上下移动时标注的是 X 轴坐标；十字光标左右移动时标注的是 Y 轴坐标。

- 多行文字：选择该选项可以通过输入多行文字的方式输入多行标注文字。
- 文字：选择该选项可以通过输入单行文字的方式输入单行标注文字。
- 角度：选择该选项可以设置标注文字的方向与 X（Y）轴的夹角，系统默认角度值为 0°，与"线性"命令中的选项一致。

5.1.11 连续标注

连续标注是以指定的尺寸界线（必须是"线性""坐标""角度"标注界限）为基线进行标注，但连续标注所指定的基线仅作为与该尺寸标注相邻的连续标注尺寸的基线，以此类推，下一个尺寸标注都以前一个标注中与当前标注相邻的尺寸界线为基线进行标注。

在 AutoCAD 2016 中执行"连续"命令有以下几种方法。

• 功能区：在"注释"选项卡中，单击"标注"面板中的"连续"按钮▥，如图 5-44 所示。

• 菜单栏：执行"标注"|"连续"命令，如图 5-45 所示。

• 命令行：DIMCONTINUE 或 DCO。

图 5-44

图 5-45

标注连续尺寸前，必须指定一个尺寸界线起点。进行连续标注时，系统默认将上一个尺寸界线终点作为连续标注的起点，提示用户指定第二个尺寸界线起点，创建出连续标注。"连续"命令在进行墙体标注时极为方便，其效果如图 5-46 所示，命令行操作如下。

命令：_dimcontinue	// 执行"连续"命令
选择连续标注：	// 选择作为基准的标注
指定第二个尺寸界线原点或 [选择 (S)/ 放弃 (U)] < 选择 >：	// 指定标注的下一个点，系统自动
放置尺寸标注文字 = 2400	
指定第二个尺寸界线原点或 [选择 (S)/ 放弃 (U)] < 选择 >：	// 指定标注的下一个点，系统自动
放置尺寸标注文字 = 1400	
指定第二个尺寸界线原点或 [选择 (S)/ 放弃 (U)] < 选择 >：	// 指定标注的下一个点，系统自动
放置尺寸标注文字 = 1600	
指定第二个尺寸界线原点或 [选择 (S)/ 放弃 (U)] < 选择 >：	// 指定标注的下一个点，系统自动
放置尺寸标注文字 = 820	
指定第二个尺寸界线原点或 [选择 (S)/ 放弃 (U)] < 选择 >：↙	// 按 Enter 键完成标注
选择连续标注：* 取消 *↙	// 按 Enter 键结束命令

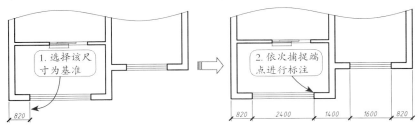

图 5-46

在执行"连续"命令时，可随时选择命令行中的"选择"选项进行重新选择，也可以选择"放弃"选项回到上一步进行操作。

5.1.12　基线标注

"基线"命令用于以同一个尺寸界线为基准的一系列尺寸标注，即从某一个点引出的尺寸界线作为第一条尺寸界线，依次进行多个对象的尺寸标注。在 AutoCAD 2016 中执行"基线"命令有以下几种方法。

- 功能区：在"注释"选项卡中，单击"标注"面板中的"基线"按钮，如图 5-47 所示。
- 菜单栏：执行"标注"|"基线"命令，如图 5-48 所示。
- 命令行：DIMBASELINE 或 DBA。

执行"基线"命令后，将十字光标移动到第一条尺寸界线的起点，单击即完成一个尺寸标注。重复拾取尺寸界线的终点即可完成一系列基线尺寸的标注，如图 5-49 所示，命令行操作如下。

```
命令：_dimbaseline  //执行"基线"命令
选择基准标注：        //选择作为基准的标注
指定第二个尺寸界线原点或 [ 选择 (S)/ 放弃 (U)] < 选择 >：
                 //指定标注的下一个点，系统自动放置尺寸标注文字 = 20
指定第二个尺寸界线原点或 [ 选择 (S)/ 放弃 (U)] < 选择 >：
                 //指定标注的下一个点，系统自动放置尺寸标注文字 = 30
指定第二个尺寸界线原点或 [ 选择 (S)/ 放弃 (U)] < 选择 >：↙ //按 Enter 键完成标注
选择基准标注：↙    //按 Enter 键结束命令
```

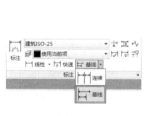

图 5-47

图 5-48

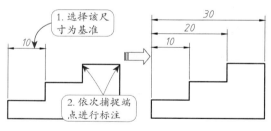

图 5-49

5.1.13　课堂案例——标注墙体轴线图

学习目标：使用"连续"等命令为轴线添加尺寸。

知识要点：建筑轴线是为了在建筑图纸中标示构件的详细尺寸，按照一般的习惯或标准虚设的一道线（在图纸上）。建筑轴线经常标注在对称界面或截面构件的中心线上，如墙体、梁、柱等结构上。这类图形的尺寸标注基本采用连续标注方法，这样标注出来的图形尺寸完整、外形美观工整，如图 5-50 所示。

素材文件：第 5 章 \5.1.13 标注墙体轴线图 .dwg。

（1）按快捷键 Ctrl+O，打开素材文件，如图 5-51 所示。

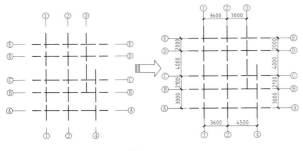
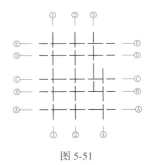

图 5-50　　　　　　　　　　　图 5-51

（2）标注第一个竖直尺寸。在命令行中输入"DLI"，执行"线性"命令，为轴线添加第一个尺寸标注，如图 5-52 所示。

（3）在"注释"选项卡中，单击"标注"面板中的"连续"按钮，执行"连续"命令，命令行操作如下。连续标注的结果如图 5-53 所示。

命令：DCO↙　　　　　　　// 执行"连续"命令
选择连续标注：　　　　　　// 选择标注
指定第二个尺寸界线原点或 [放弃 (U)/ 选择 (S)] ＜选择＞：　　// 指定第二个尺寸界线原点
标注文字 = 2100
指定第二个尺寸界线原点或 [放弃 (U)/ 选择 (S)] ＜选择＞：
标注文字 = 4000　　　　　// 按 Esc 键退出绘制

（4）用上述相同的方法继续标注轴线，结果如图 5-54 所示。

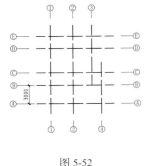
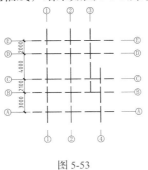
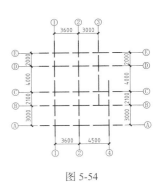

图 5-52　　　　　　　图 5-53　　　　　　　图 5-54

5.1.14　多重引线标注

使用"多重引线"命令添加和管理所需的引出线，不仅能够快速地标注装配图的证件号和引出公差等内容，而且能够更清楚地标识制图的标准、说明等内容。

在 AutoCAD 2016 中执行"多重引线标注"命令有以下几种方法。

- 功能区：在"默认"选项卡中，单击"注释"面板上的"引线"按钮，如图 5-55 所示。
- 菜单栏：执行"标注"|"多重引线"命令，如图 5-56 所示。

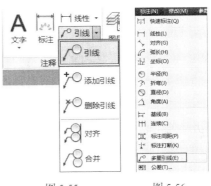

图 5-55　　　　　图 5-56

• 命令行：MLEADER 或 MLD。

执行"多重引线"命令后，在图形中单击以确定引线箭头位置；然后在打开的文字输入窗口中输入注释内容即可，如图 5-57 所示，命令行操作如下。

命令：_mleader　　　　// 执行"多重引线"命令
指定引线箭头的位置或 [引线基线优先 (L)/ 内容优先 (C)/ 选项 (O)] ＜选项＞: // 指定引线箭头位置
指定引线基线的位置 : // 指定基线位置并输入注释文字，在空白处单击即可结束命令

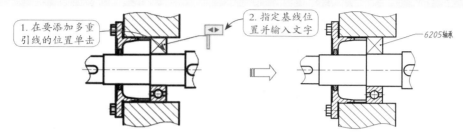

图 5-57

命令行中各选项含义说明如下。

• 引线基线优先：选择该选项，可以颠倒多重引线的创建顺序，即先创建基线位置（即文字输入的位置），再指定箭头位置，如图 5-58 所示。

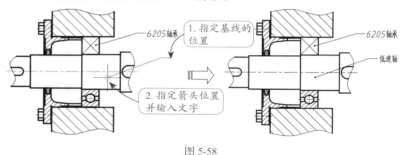

图 5-58

• 内容优先：选择该选项，可以先创建标注文字，再指定引线箭头来进行标注，如图 5-59 所示。该方式下的基线位置可以自动调整，随十字光标移动方向而定。

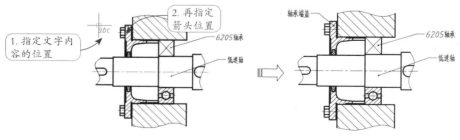

图 5-59

5.1.15　快速引线标注

"快速引线标注"命令是 AutoCAD 2016 常用的引线标注命令，相较于"多重引线"命令来

说，快速引线标注是一种形式较为自由的引线标注方式，其结构组成如图 5-60 所示，其中转折次数可以设置，注释内容也可设置为其他类型。"快速引线标注"命令只能通过在命令行中输入"QLEADER"或"LE"来执行。

在命令行中输入"QLEADER"或"LE"，然后按 Enter 键，命令行操作如下。

命令：LE✓   //执行"快速引线标注"命令
指定第一个引线点或 [设置 (S)] < 设置 >：   //指定引线箭头位置
指定下一点：   //指定转折点位置
指定下一点：   //指定要放置内容的位置
指定文字宽度 <0>：✓   //输入文本宽度或保持默认
输入注释文字的第一行 < 多行文字 (M)>：快速引线✓   //输入文本内容
输入注释文字的下一行：✓   //指定下一行内容或按 Enter 键完成操作

在命令行中输入"S"，系统弹出"引线设置"对话框，如图 5-61 所示，可以在其中对引线的注释、引出线和箭头、附着等参数进行设置。

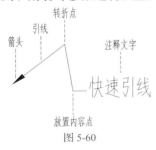

图 5-60

图 5-61

5.1.16 形位公差标注

在产品设计及工程施工时很难做到分毫无差，通常最终产品不仅有尺寸误差，而且还有形状上的误差和位置上的误差，因此必须考虑形位公差标注。通常将形状误差和位置误差统称为"形位误差"，这类误差会影响产品的功能，因此设计时应规定相应的"公差"，并按规定的标准符号标注在图纸上。

通常情况下，形位公差的标注主要由公差框格和指引线组成，而公差框格内又主要包括公差代号、公差值和基准代号。其中，第一个特征控制框为一个几何特征符号，表示应用公差的几何特征，如位置、轮廓、形状、方向、同轴或跳动等，形位公差可以控制直线度、平行度、圆度和圆柱度，典型组成结构如图 5-62 所示，第二个特征控制框为公差值及相关符号。下面简单介绍形位公差的标注方法。

在 AutoCAD 2016 中执行"公差"命令有以下几种方法。

- 功能区：在"注释"选项卡中，单击"标注"面板中的"公差"按钮▦，如图 5-63 所示。
- 菜单栏：执行"标注"|"公差"命令，如图 5-64 所示。
- 命令行：TOLERANCE 或 TOL。

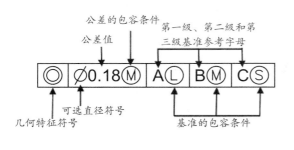

图 5-62   图 5-63   图 5-64

要在 AutoCAD 2016 中添加一个完整的形位公差，有以下 4 步。

（1）绘制基准代号和公差指引。通常在进行形位公差标注之前指定公差的基准位置、绘制基准代号，并在图形上的合适位置利用引线工具绘制公差标注的箭头指引线，如图 5-65 所示。

（2）指定形位公差符号。通过前文介绍的方法执行"公差"命令后，系统弹出"形位公差"对话框，如图 5-66 所示。单击对话框中的"符号"色块，系统弹出"特征符号"对话框，选择公差符号，即可完成公差符号的指定，如图 5-67 所示。

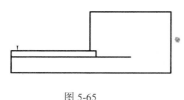

图 5-65   图 5-66   图 5-67

（3）指定公差值和包容条件。在"公差 1"选项组中的文本框中直接输入公差值，并单击右侧的色块，弹出"附加符号"对话框，在对话框中选择所需的包容符号即可完成指定。

（4）指定基准并放置公差框格。在"基准 1"选项组的文本框中直接输入该公差基准代号"A"，然后单击"确定"按钮，并在图 5-68 所示的箭头指引处放置公差框格即可完成公差标注。

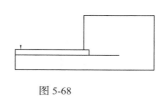

图 5-68

通过"形位公差"对话框可以添加特征符号及公差值等，"形位公差"对话框的各个选项的含义如下。

- "符号"选项组：单击色块■，系统弹出"特征符号"对话框，在该对话框中可以选择公差符号，各个符号的含义和类型如表 5-1 所示。再次单击色块■，可以清空已填入的符号。

表 5-1　常用特征符号的含义和类型

符号	特征	类型	符号	特征	类型
⊕	位置	位置	∠	平面度	形状
◎	同轴（同心）度	位置	○	圆度	形状
═	对称度	位置	—	直线度	形状
//	平行度	方向	⌒	面轮廓度	轮廓
⊥	垂直度	方向	⌒	线轮廓度	轮廓
∠	倾斜度	方向	↗	圆跳动	跳动
⌀	圆柱度	形状	↗↗	全跳动	跳动

- "公差 1"和"公差 2"选项组：每个"公差"选项组包含 3 个选项：单击第一个色块■后，可插入直径符号；第二个为文本框，可输入公差值；单击第三个色块■后，弹出"附加符号"对话框，如图 5-69 所示，用来插入公差的包容条件。其中符号 M◎代表材料的一般中等状况，符号 L◎代表材料的最大状况，符号 S◎代表材料的最小状况。
- "基准 1""基准 2"和"基准 3"选项组：这 3 个选项组用来添加基准参照，分别对应第一级、第二级和第三级基准参照。
- 高度：输入特征控制框中的投影公差零值。
- 基准标识符：输入参照字母组成的基准标识符。
- 延伸公差带：单击色块可以在延伸公差带值的后面插入延伸公差带符号。

图 5-69

5.1.17　圆心标记

"圆心标记"命令可以用来标注圆和圆弧的圆心位置。执行"圆心标记"命令有以下几种方法。
- 功能区：在"注释"选项卡中，单击"标注"面板上的"圆心标记"按钮⊙，如图 5-70 所示。
- 菜单栏：执行"标注"｜"圆心标记"命令，如图 5-71 所示。
- 命令行：DIMCENTER 或 DCE。

图 5-70

图 5-71

执行"圆心标记"命令后，选择要添加标记的圆或圆弧即可，如图 5-72 所示，命令行操作如下。

命令：_dimcenter↙ //执行"圆心标记"命令

选择圆弧或圆：　　　　　　// 选择圆

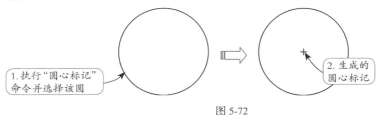

图 5-72

5.2 标注的编辑

在创建尺寸标注后，如果未能达到预期的效果，还可以对尺寸标注进行编辑，如修改尺寸标注文字的内容、编辑标注文字的位置、更新标注和关联标注等，而不必删除所标注的尺寸对象再重新进行标注。

5.2.1 标注打断

在图纸内容丰富、标注繁多的情况下，过于密集的标注线会影响图纸的观察效果，甚至让用户混淆尺寸，从而引起疏漏、造成损失。为了使图纸尺寸结构清晰，可以使用"标注打断"命令在标注线交叉的位置将其打断。

执行"标注打断"命令有以下几种方法。

- 功能区：在"注释"选项卡中，单击"标注"面板中的"打断"按钮┳️，如图 5-73 所示。
- 菜单栏：执行"标注"|"标注打断"命令，如图 5-74 所示。
- 命令行：DIMBREAK。

图 5-73

图 5-74

执行"标注打断"命令后，效果如图 5-75 所示，命令行操作如下。

命令：_DIMBREAK　　　　　　　　　　// 执行"标注打断"命令
选择要添加 / 删除折断的标注或 [多个 (M)]:　// 选择线性尺寸标注 50
选择要折断标注的对象或 [自动 (A)/ 手动 (M)/ 删除 (R)] < 自动 >:↙

　　　　　　　　　　　　　　　　　　// 选择多重引线或直接按 Enter 键

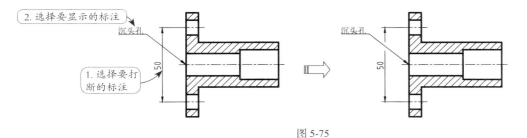

图 5-75

命令行中各选项的含义如下。

- 多个：指定要向其中添加折断或要从中删除折断的多个标注。
- 自动：此选项是默认选项，用于在标注相交位置自动生成打断。普通标注的默认打断距离为"修改标注样式"对话框的"符号和箭头"选项卡中的"折断大小"文本框中的值，详见 5.3.3 小节的图 5-112。多重引线的打断距离则通过"修改多重引线样式"对话框的"引线格式"选项卡中的"打断大小"文本框中的值来控制。
- 手动：选择此选项，需要用户指定两个打断点，将两点之间的标注线打断。
- 删除：选择此选项可以删除已创建的打断。

5.2.2 标注间距

在 AutoCAD 2016 中进行基线标注时，如果没有设置合适的基线间距，可能使尺寸线之间的间距过大或过小，如图 5-76 所示。利用"标注间距"命令可调整互相平行的线性尺寸或角度尺寸之间的距离。

执行"标注间距"命令有以下几种方法。

- 功能区：在"注释"选项卡中，单击"标注"面板中的"调整间距"按钮，如图 5-77 所示。
- 菜单栏：执行"标注"|"标注间距"命令，如图 5-78 所示。
- 命令行：DIMSPACE。

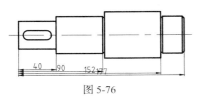

图 5-76

图 5-77

图 5-78

执行"标注间距"命令后，效果如图 5-79 所示，命令行操作如下。

命令：DIMSPACE ↙   // 执行"标注间距"命令
选择基准标注：   // 选择尺寸 29
选择要产生间距的标注：找到 1 个   // 选择尺寸 49
选择要产生间距的标注：找到 1 个，总计 2 个 // 选择尺寸 69

选择要产生间距的标注：✓　　　　　　　　　// 按 Enter 键，结束选择

输入值或 [自动 (A)] < 自动 >: 10✓　　　　// 输入间距值

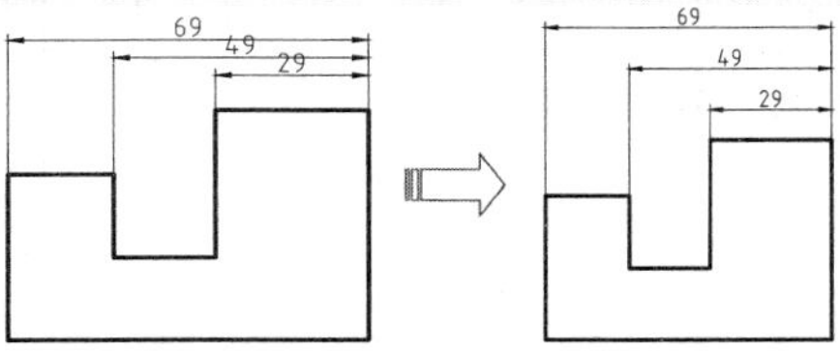

图 5-79

"标注间距"命令可以通过"输入值"和"自动"这两种方式来创建间距，两种方式的含义解释如下。

- 输入值：为默认选项。可以将选定的标注按所输入的间距距离放置。如果输入的值为 0，则可以将多个标注对齐在同一水平线上，如图 5-80 所示。
- 自动：根据所选择的基准标注的标注样式中指定的文字高度自动计算间距，所得的间距距离是标注文字高度的 2 倍，如图 5-81 所示。

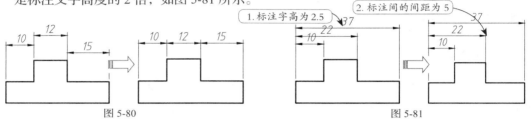

图 5-80　　　　　　　　　　　　　　　图 5-81

5.2.3　折弯线性标注

在标注一些较长的轴类打断视图的长度尺寸时，可以对应地使用折弯线性标注。在 AutoCAD 2016 中执行"折弯线性"命令有以下几种方法。

- 功能区：在"注释"选项卡中，单击"标注"面板中的"折弯线性"按钮，如图 5-82 所示。
- 菜单栏：执行"标注" | "折弯线性"命令，如图 5-83 所示。
- 命令行：DIMJOGLINE。

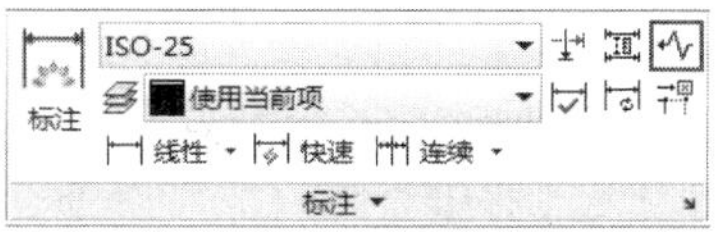

图 5-82　　　　　　　　　　　　　　　图 5-83

执行"折弯线性"命令后，选择需要添加折弯的线性标注或对齐标注，然后指定折弯位置即可，如图 5-84 所示，命令行操作如下。

命令：DIMJOGLINE ↙　　　　　　　// 执行"折弯线性"命令
选择要添加折弯的标注或 [删除 (R)]: // 选择要添加折弯的标注
指定折弯位置（或按 Enter 键）: 　 // 指定折弯位置，结束命令

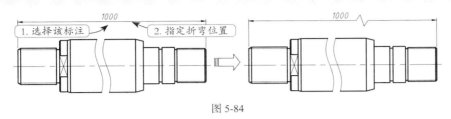

图 5-84

5.2.4　尺寸关联性

尺寸关联是指尺寸对象及其标注的图形对象之间建立了联系，当图形对象的位置、形状、大小等发生改变时，其尺寸对象也会随之更新。如执行"缩放"命令将一个长为 50、宽为 30 的矩形放大两倍，不仅图形对象放大了两倍，而且尺寸标注也同时放大了两倍，尺寸值变为缩放前的两倍，如图 5-85 所示。

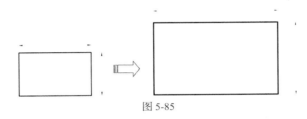

图 5-85

1. 尺寸关联

在模型窗口中标注尺寸时，尺寸是自动关联的，无须用户进行关联设置。但是，如果在输入尺寸文字时，不使用系统的测量值，而是由用户手工输入尺寸值，那么尺寸文字将不会与图形对象关联。

对于没有关联或已经解除了关联的尺寸对象和图形对象，重建标注关联的方法如下。

* 功能区：在"注释"选项卡中，单击"标注"面板中的"重新关联"按钮，如图 5-86 所示。
* 菜单栏：执行"标注" | "重新关联标注"命令，如图 5-87 所示。
* 命令行：DIMREASSOCIATE 或 DRE。

图 5-86　　　　　　　　　　图 5-87

执行该命令之后，命令行操作如下。

命令：_dimreassociate 　　　　　　　　　　　　// 执行"重新关联"命令

选择要重新关联的标注 ...

选择对象或 [解除关联 (D)]: 找到 1 个   // 选择要建立关联的尺寸

选择对象或 [解除关联 (D)]:

指定第一个尺寸界线原点或 [选择对象 (S)] 〈下一个 〉: // 选择要关联的第一个点

指定第二个尺寸界线原点 〈下一个 〉:   // 选择要关联的第二个点

每个关联点提示旁边都会显示一个标记：如果当前标注的定义点与几何对象之间没有关联，则标记将显示为蓝色的"╳"；如果定义点与几何对象之间已建立了关联，则标记将显示为蓝色的"⊠"。

2. 解除关联

对于已经建立了关联的尺寸对象及其图形对象，可以执行"解除关联"命令解除尺寸与图形的关联性。解除标注关联后，对图形对象进行修改，尺寸对象不会发生任何变化，因为尺寸对象已经和图形对象彼此独立，没有任何关系了。

执行"解除关联"命令有以下几种方法。

* 命令行：DIMDISASSOCIATE 或 DDA。
* 内容选项：执行"重新关联"命令时选择其中的"解除关联"选项。

执行"解除关联"命令，命令行操作如下。

命令：DDA ↙

DIMDISASSOCIATE

选择要解除关联的标注 ...   // 选择要解除关联的尺寸

选择对象：   // 选择要解除关联的对象

选择要解除关联的尺寸对象后，按 Enter 键即可解除关联。

5.2.5 翻转箭头

当尺寸界线内的空间狭窄时，可执行"翻转箭头"命令将尺寸箭头翻转到尺寸界线之外，使尺寸标注更清晰。选择需要翻转箭头的标注，则标注会以夹点形式显示，将十字光标移到尺寸线夹点上，弹出菜单，选择其中的"翻转箭头"选项即可翻转该侧的一个箭头。使用同样的操作翻转另一端的箭头，操作示例如图 5-88 所示。

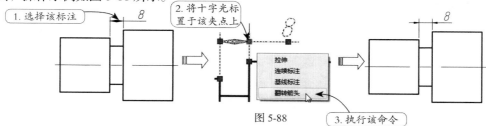

图 5-88

5.2.6 编辑多重引线

使用"多重引线"命令注释对象后，可以对引线的位置和注释内容进行编辑。AutoCAD 2016 提供了 4 种编辑多重引线的方法，分别介绍如下。

1. 添加引线

"添加引线"命令可以将引线添加至现有的多重引线对象中，从而创建引线效果。执行"添加引线"命令有以下几种方式。

- 功能区 1：在"默认"选项卡中，单击"注释"面板中的"添加引线"按钮 📍，如图 5-89 所示。
- 功能区 2：在"注释"选项卡中，单击"引线"面板中的"添加引线"按钮 📍，如图 5-90 所示。

执行"添加引线"命令后，直接选择要添加引线的多重引线，然后再指定引线的箭头放置点即可，如图 5-91 所示，命令行操作如下。

选择多重引线：　　　　　　　　　// 选择要添加引线的多重引线

找到 1 个

指定引线箭头位置或 [删除引线 (R)]：// 指定新的引线箭头位置，按 Enter 键结束命令

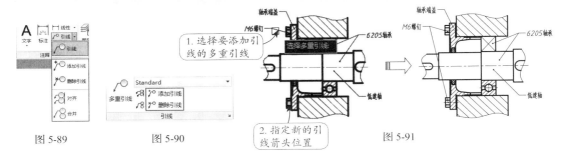

图 5-89　　　　　　图 5-90　　　　　　　　　　　　　　　图 5-91

2. 删除引线

"删除引线"命令可以将引线从现有的多重引线对象中删除，即将"添加引线"命令所创建的引线删除。执行"删除引线"命令有以下几种方式。

- 功能区 1：在"默认"选项卡中，单击"注释"面板中的"删除引线"按钮 📍，如图 5-89 所示。
- 功能区 2：在"注释"选项卡中，单击"引线"面板中的"删除引线"按钮 📍，如图 5-90 所示。

执行"删除引线"命令后，直接选择要删除引线的"多重引线"即可，如图 5-92 所示，命令行操作如下。

选择多重引线：　　　　　　// 选择要删除引线的多重引线

找到 1 个

指定要删除的引线或 [添加引线 (A)]： 　　　　// 按 Enter 键结束命令

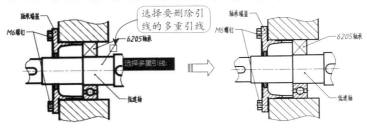

图 5-92

3. 对齐引线

"对齐引线"命令可以将选定的多重引线对齐，并将其按一定的间距进行排列。执行"对齐引线"

命令有以下几种方式。

- 功能区1：在"默认"选项卡中，单击"注释"面板中的"对齐"按钮，如图5-89所示。
- 功能区2：在"注释"选项卡中，单击"引线"面板中的"对齐"按钮，如图5-90所示。
- 命令行：MLEADERALIGN。

执行"对齐引线"命令后，选择所有要进行对齐的多重引线，然后按Enter键确认，接着根据提示指定一条多重引线，则其余多重引线均对齐至该多重引线，如图5-93所示，命令行操作如下。

命令：_mleaderalign	// 执行"对齐引线"命令
选择多重引线：指定对角点：找到 6 个	// 选择所有要进行对齐的多重引线
选择多重引线：↙	// 按 Enter 键完成选择
当前模式：使用当前间距	// 显示当前的对齐设置
选择要对齐到的多重引线或 [选项(O)]:	// 选择作为对齐基准的多重引线
指定方向：	// 移动十字光标以指定对齐方向，单击结束命令

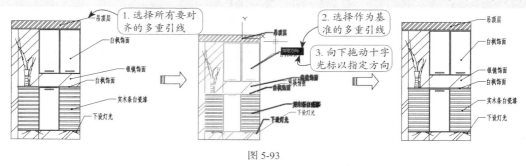

图 5-93

4. 合并引线

"合并引线"命令可以将包含"块"的多重引线组织成一行或一列，并使用单引线显示结果，多见于机械行业中的装配图。在装配图中，有时会遇到若干个零部件成组出现的情况，如一个螺栓就可能配有两个弹性垫圈和一个螺母。如果都一一对应或用一条多重引线来表示，那图形就非常凌乱，因此一组紧固件以及装配关系清楚的零件组可采用公共指引线来标注，如图5-94所示。

图 5-94

"合并引线"命令有以下几种执行方式。

- 功能区1：在"默认"选项卡中，单击"注释"面板中的"合并"按钮，如图5-89所示。
- 功能区2：在"注释"选项卡中，单击"引线"面板中的"合并"按钮，如图5-90所示。
- 命令行：MLEADERCOLLECT。

执行"合并引线"命令后，选择所有要合并的多重引线，然后按Enter键确认，接着根据提示选择多重引线的排列方式，或直接单击以放置多重引线，如图5-95所示，命令行操作如下。

| 命令：_mleadercollect | // 执行"合并引线"命令 |
| 选择多重引线：指定对角点：找到 3 个 | // 选择所有要进行合并的多重引线 |

选择多重引线：↙　　　　　　　　　　// 按 Enter 键完成选择
指定收集的多重引线位置或 [垂直 (V)/ 水平 (H)/ 缠绕 (W)]〈水平〉：
　　　　　　　　　　　　　　　// 选择引线排列方式，或单击结束命令

提示

执行"合并引线"命令的多重引线注释的内容必须是"块"，如果是"多行文字"，则无法操作。

命令行中提供了 3 种多重引线合并的方式，分别介绍如下。

- 垂直：将多重引线集合放置在一列或多列中，如图 5-96 所示。

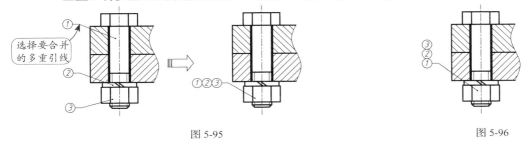

图 5-95　　　　　　　　　　　　　　　　　　　　图 5-96

- 水平：将多重引线集合放置在一行或多行中，这种方式为默认选项，如图 5-97 所示。
- 缠绕：指定缠绕的多重引线集合的宽度。选择该选项后，可以指定"缠绕宽度"和"数目"，以及序号的列数，效果如图 5-98 所示。

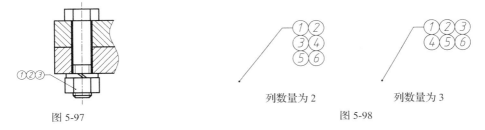

图 5-97　　　　　　　　列数量为 2　　　　　列数量为 3
　　　　　　　　　　　　　　　　　　图 5-98

5.3　尺寸标注样式

"标注样式"用来控制标注的外观，如箭头样式、文字位置和尺寸公差等。在同一个文档中，可以同时定义多个不同的命名样式。修改某个样式后，就可以自动修改所有用该样式创建的对象。

绘制不同的工程图纸需要设置不同的尺寸标注样式，要系统地了解尺寸设计和制图的知识，请参考机械或建筑等有关行业制图的国家规范和标准。

5.3.1　尺寸标注的组成

在 AutoCAD 2016 中，一个完整的尺寸标注由"尺寸界线""尺寸线""尺寸箭头""尺寸文字"4 个要素构成，如图 5-99 所示。AutoCAD 2016 的尺寸标注命令和样式设置都是围绕这 4 个要素进行的。

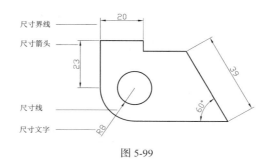

图 5-99

各组成部分的作用与含义分别如下。

- 尺寸界线：也称为"投影线"，用于标注尺寸的界限，由图样中的轮廓线、轴线或对称中心线引出。标注时，尺寸界线从所标注的对象上自动延伸出来，它的端点与所标注的对象接近但并未相连。
- 尺寸箭头：也称为"标注符号"。标注符号显示在尺寸线的两端，用于指定标注的起始位置。AutoCAD 2016 默认使用闭合的填充箭头作为标注符号。此外，AutoCAD 2016 还提供了多种箭头符号，以满足不同行业的需要，如建筑制图的箭头以 45°的粗短斜线表示，而机械制图的箭头以实心三角形箭头表示等。
- 尺寸线：用于表明标注的方向和范围。通常与所标注对象平行，放在两条尺寸界线之间，一般情况下为直线，但在角度标注时，尺寸线呈圆弧形。
- 尺寸文字：表明标注图形的实际尺寸大小，通常位于尺寸线上方或中断处。在进行尺寸标注时，AutoCAD 2016 会生动生成所标注对象的尺寸数值，用户也可以对标注的文字进行修改、添加等编辑操作。

5.3.2 新建标注样式

标注样式的内容相当丰富，涵盖了标注从箭头形状到尺寸线的消隐、伸出距离、文字对齐方式等诸多方面。因此可以通过在 AutoCAD 2016 中设置不同的标注样式，使其适应不同的绘图环境，如机械标注、建筑标注等。

如果要新建标注样式，可以通过"标注样式管理器"对话框来完成。在 AutoCAD 2016 中打开"标注样式管理器"对话框有以下几种方法。

- 功能区：在"默认"选项卡中单击"注释"面板中的"标注样式"按钮，如图 5-100 所示。
- 菜单栏：执行"格式"|"标注样式"命令，如图 5-101 所示。
- 命令行：DIMSTYLE 或 D。

执行"标注样式"命令后，系统弹出"标注样式管理器"对话框，如图 5-102 所示。单击"新建"按钮，系统弹出"创建新标注样式"对话框，如图 5-103 所示。然后在"新样式名"文本框中输入新样式的名称，单击"继续"按钮，即可打开"新建标注样式"对话框进行新建。

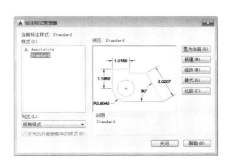

图 5-100 　　　　　　　　　　 图 5-101 　　　　　　　　　　 图 5-102

"标注样式管理器"对话框中各按钮的含义介绍如下。

- 置为当前：将在左边"样式"列表框中选择的标注样式设定为当前标注样式，当前样式将应用于所创建的标注。
- 新建：单击该按钮，打开"创建新标注样式"对话框，输入名称后可打开"新建标注样式"对话框，从中可以定义新的标注样式。
- 修改：单击该按钮，打开"修改标注样式"对话框，从中可以修改现有的标注样式。该对话框中各选项均与"新建标注样式"对话框一致。
- 替代：单击该按钮，打开"替代当前样式"对话框，从中可以设定标注样式的临时替代值。该对话框中各选项与"新建标注样式"对话框一致。替代结果将作为未保存的更改结果显示在"样式"列表中的标注样式下，如图 5-104 所示。
- 比较：单击该按钮，打开"比较标注样式"对话框，如图 5-105 所示。从中可以比较所选定的两个标注样式（若选择相同的标注样式进行比较，则会列出该样式的所有特性）。

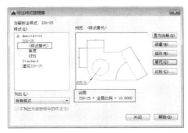

图 5-103 　　　　　　　　　　 图 5-104 　　　　　　　　　　 图 5-105

"创建新标注样式"对话框中各选项的含义介绍如下。

- 基础样式：在该下拉列表框中选择一种基础样式，新样式将在该基础样式的基础上进行修改。
- 注释性：勾选该复选框，可将标注定义成可注释对象。
- 用于：选择其中的一种标注，即可创建一种仅适用于该标注类型（如仅用于直径标注、线性标注等）的标注子样式，如图 5-106 所示。

设置了新样式的名称、基础样式和适用范围后，单击该对话框中的"继续"按钮，系统弹出"新建标注样式"对话框，在上方 7 个选项卡中可以设置标注中的直线、符号和箭头、文字、单位等内容，如图 5-107 所示。

图 5-106   图 5-107

提示

AutoCAD 2016 中的标注可分为"线性标注""角度标注""半径标注""直径标注""坐标标注""引线标注"这 6 个类型。

5.3.3　设置标注样式

在上文新建标注样式的介绍中，打开"新建标注样式"对话框之后的操作是最重要的，这也是本小节所要着重讲解的。在"新建标注样式"对话框中可以设置尺寸标注的各种特性，对话框中有"线""符号和箭头""文字""调整""主单位""换算单位""公差"这 7 个选项卡，每一个选项卡对应一种特性的设置，分别介绍如下。

1."线"选项卡

切换到"新建标注样式"对话框中的"线"选项卡，可见"线"选项卡中包括"尺寸线"和"尺寸界线"两个选项组。在该选项卡中可以设置尺寸线、尺寸界线的格式和特性。

◆ **"尺寸线"选项组**

- 颜色：用于设置尺寸线的颜色，一般保持默认值"ByBlock"（随块）即可，也可以使用变量"DIMCLRD"设置。
- 线型：用于设置尺寸线的线型，一般保持默认值"ByBlock"（随块）即可。
- 线宽：用于设置尺寸线的线宽，一般保持默认值"ByBlock"（随块）即可，也可以使用变量"DIMLWD"设置。
- 超出标记：用于设置尺寸线超出量。若尺寸线两端是箭头，则此框无效；若在对话框的"符号和箭头"选项卡中设置了箭头的形式是"倾斜"和"建筑标记"时，可以设置尺寸线超过尺寸界线外的距离，如图 5-108 所示。
- 基线间距：用于设置基线标注中尺寸线之间的间距。
- 隐藏："尺寸线 1"和"尺寸线 2"复选框分别控制了第一条和第二条尺寸线的可见性，如图 5-109 所示。

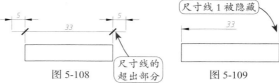

图 5-108   图 5-109

◆ **"尺寸界线"选项组**

- 颜色：用于设置尺寸界线的颜色，一般保持默认值"ByBlock"（随块）即可，也可以使用变量 DIMCLRD 设置。
- 线型：分别用于设置"尺寸界线 1"和"尺寸界线 2"的线型，一般保持默认值"ByBlock"（随块）即可。
- 线宽：用于设置尺寸界线的宽度，一般保持默认值"ByBlock"（随块）即可，也可以使用变量 DIMLWD 设置。
- 隐藏："尺寸界线 1"和"尺寸界线 2"复选框分别控制了第一条和第二条尺寸界线的可见性。
- 超出尺寸线：控制尺寸界线超出尺寸线的距离，如图 5-110 所示。
- 起点偏移量：控制尺寸界线起点与标注对象端点的距离，如图 5-111 所示。

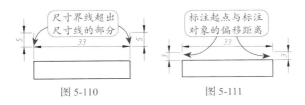

图 5-110　　　　　　图 5-111

提示

如果是在机械制图的标注中，为了区分尺寸标注和被标注对象，用户应使尺寸界线与被标注对象不接触，因此尺寸界线的"起点偏移量"一般设置为 2～3mm。

2. "符号和箭头"选项卡

"符号和箭头"选项卡中包括"箭头""圆心标记""折断标注""弧长符号""半径折弯标注""线性折弯标注"这 6 个选项组，如图 5-112 所示。

◆ **"箭头"选项组**

- "第一个"和"第二个"：用于选择尺寸线两端的箭头样式。在建筑绘图中通常设为"建筑标记"或"倾斜"样式，如图 5-113 所示；在机械制图中通常设为"用户箭头"样式，如图 5-114 所示。
- 引线：用于设置快速引线标注（命令行：LE）中的箭头样式，如图 5-115 所示。
- 箭头大小：用于设置箭头的大小。

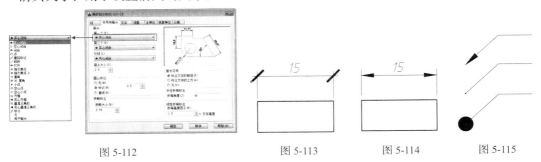

图 5-112　　　　　　图 5-113　　　　图 5-114　　　　图 5-115

提示

AutoCAD 中提供了 19 种箭头，如果选择了第一个箭头的样式，第二个箭头会自动选择和第一个箭头一样的样式。也可以在第二个箭头的下拉列表中选择不同的样式。

◆ "圆心标记"选项组

圆心标记是一种特殊的标注类型，使用"圆心标记"（命令行：DIMCENTER。详见第 5.1.17 节）命令，可以在圆弧中心生成一个标注符号。"圆心标记"选项组用于设置圆心标记的样式，各选项的含义如下。

- 无：使用"圆心标记"命令时，无圆心标记，如图 5-116 所示。
- 标记：创建圆心标记。在使用"圆心标记"命令时，在圆心位置将会出现十字标记，如图 5-117 所示。
- 直线：创建中心线。在使用"圆心标记"命令时，十字标记将会延伸到圆或圆弧外边，如图 5-118 所示。

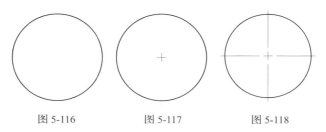

图 5-116　　　　　图 5-117　　　　　图 5-118

提示

可以取消勾选"调整"选项卡中的"在尺寸界线之间绘制尺寸线"复选框，这样就能在标注直径或半径尺寸时，同时创建圆心标记，如图 5-119 所示。

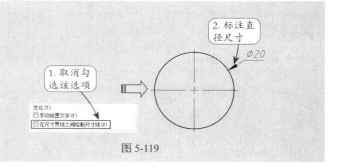

图 5-119

◆ "折断标注"选项组

其中的"折断大小"文本框可以设置在执行"标注打断"（命令行：DIMBREAK）命令时，标注线的打断长度。

◆ "弧长符号"选项组

在该选项组中可以设置弧长符号的显示位置，包括"标注文字的前缀""标注文字的上方"和"无"3种方式，如图5-120所示。

（a）"标注文字的前缀"　　（b）"标注文字的上方"　　（c）"无"

图 5-120

◆ "半径折弯标注"选项组

其中的"折弯角度"文本框可以设置半径折弯标注时，尺寸线的横向角度，其值不能大于 90°。

◆ "线性折弯标注"选项组

其中的"折弯高度因子"文本框可以设置折弯标注打断时，折弯线的高度。

3."文字"选项卡

"文字"选项卡包括"文字外观""文字位置""文字对齐"这 3 个选项组，如图 5-121 所示。

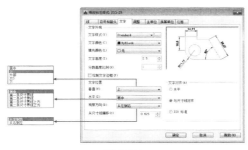

图 5-121

◆ "文字外观"选项组

- 文字样式：用于选择标注的文字样式，也可以单击其后的□按钮，系统弹出"文字样式"对话框，在其中可以选择文字样式或新建文字样式。

- 文字颜色：用于设置文字的颜色，一般保持默认值"ByBlock"（随块）即可，也可以使用变量 DIMCLRT。

- 填充颜色：用于设置标注文字的背景色，默认填充颜色为"无"。如果图纸中尺寸标注很多，就会出现图形轮廓线、中心线、尺寸线与标注文字相重叠的情况，这时将"填充颜色"设置为"背景"，即可有效改善显示效果，如图 5-122 所示。

图 5-122

- 文字高度：设置文字的高度，也可以使用变量 DIMCTXT。

- 分数高度比例：设置标注文字的分数相对于其他标注文字的比例，AutoCAD 将该比例值与标注文字高度的乘积作为分数的高度。

- 绘制文字边框：设置是否给标注文字加边框。

◆ "文字位置"选项组

- 垂直：用于设置标注文字相对于尺寸线在垂直方向的位置。"垂直"下拉列表框中有"居中""上""外部""JIS""下"这 5 个选项。选择"居中"选项可以把标注文字放在尺寸线中间；选择"上"选项将把标注文字放在尺寸线的上方；选择"外部"选项可以把标注文字放在远离第一定义点的尺寸线一侧；选择 JIS 选项则按 JIS 规则（日本工业标准）放置标注文字；选择"下"选项将把标注文字放在尺寸线的下方。各种效果如图 5-123 所示。

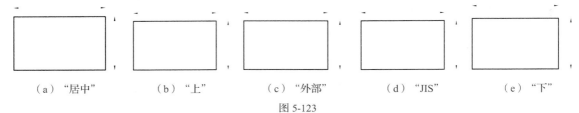

（a）"居中"　　　（b）"上"　　　（c）"外部"　　　（d）"JIS"　　　（e）"下"

图 5-123

- 水平：用于设置标注文字相对于尺寸线和尺寸界线在水平方向的位置。其中水平放置位置有"居中""第一条尺寸界线""第二条尺寸界线""第一条尺寸界线上方""第二条尺寸界线上方"这 5 个选项，各种效果如图 5-124 所示。

（a）"居中"　　　（b）"第一条尺寸界线"（c）"第二条尺寸界线"（d）"第一条尺寸界线上方"（e）"第二条尺寸界线上方"

图 5-124

- 从尺寸线偏移：设置标注文字与尺寸线之间的距离，如图 5-125 所示。

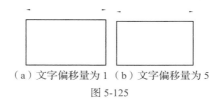

（a）文字偏移量为 1（b）文字偏移量为 5

图 5-125

◆ "文字对齐"选项组

在"文字对齐"选项组中，可以设置标注文字的对齐方式，如图 5-126 所示。各选项的含义如下。

- 水平：无论尺寸线的方向如何，文字始终水平放置。
- 与尺寸线对齐：文字的方向与尺寸线平行。
- ISO 标准：按照 ISO 标准对齐文字。当文字在尺寸界线内时，文字与尺寸线对齐；当文字在尺寸界线外时，文字水平排列。

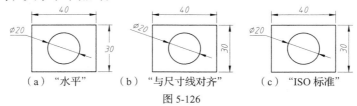

（a）"水平"　　　（b）　"与尺寸线对齐"　　　（c）"ISO 标准"

图 5-126

4. "调整"选项卡

"调整"选项卡包括"调整选项""文字位置""标注特征比例""优化"这 4 个选项组，可以设置标注文字、尺寸线、尺寸箭头的位置，如图 5-127 所示。

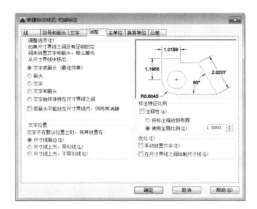

图 5-127

◆ **"调整选项"选项组**

在"调整选项"选项组中，可以设置当尺寸界线之间没有足够的空间同时放置标注文字和箭头时，从尺寸界线之间移出的对象，如图 5-128 所示。各选项的含义如下。

- 箭头：表示将尺寸箭头放在尺寸界线外侧。
- 文字：表示将标注文字放在尺寸界线外侧。
- 文字和箭头：表示将标注文字和尺寸线都放在尺寸界线外侧。
- 文字始终保持在尺寸界线之间：表示标注文字始终放在尺寸界线之间。
- 若箭头不能放在尺寸界线内，则将其消除：表示当尺寸界线之间不能放置箭头时，不显示标注箭头。

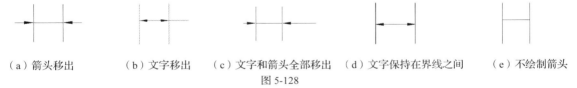

（a）箭头移出　　　（b）文字移出　　（c）文字和箭头全部移出　（d）文字保持在界线之间　　（e）不绘制箭头

图 5-128

◆ **"文字位置"选项组**

在"文字位置"选项组中，可以设置当标注文字不在默认位置时，应放置的位置，如图 5-129 所示。各选项的含义如下。

- 尺寸线旁边：表示当标注文字在尺寸界线外部时，将文字放置在尺寸线旁边。
- 尺寸线上方，带引线：表示当标注文字在尺寸界线外部时，将文字放置在尺寸线上方并用一条引线相连。
- 尺寸线上方，不带引线：表示当标注文字在尺寸界线外部时，将文字放置在尺寸线上方，不加引线。

（a）"尺寸线旁边"　　　（b）"尺寸线上方，带引线"　（c）"尺寸线上方，不带引线"

图 5-129

◆ "标注特征比例"选项组

在"标注特征比例"选项组中,可以设置标注尺寸的特征比例,以便通过设置全局比例来调整标注的大小。各选项的含义如下。

- 注释性:勾选该复选框,可以将标注定义成可注释性对象。
- 将标注缩放到布局:选择该单选项,可以根据当前模型空间视口与图纸之间的缩放关系设置比例。
- 使用全局比例:选择该单选项,可以对全部尺寸标注设置缩放比例,该比例不改变尺寸的测量值,效果如图 5-130 所示。

（a）全局比例值为 1　　（b）全局比例值为 5　　（c）全局比例值为 10

图 5-130

◆ "优化"选项组

在"优化"选项组中,可以对标注文字和尺寸线进行细微调整。该选项组包括以下两个复选框。

- 手动放置文字:表示忽略所有水平对正设置,并将文字手动放置在相应位置。
- 在尺寸界线之间绘制尺寸线:表示在标注对象时,始终在尺寸界线间绘制尺寸线。

5. "主单位"选项卡

"主单位"选项卡包括"线性标注""测量单位比例""消零""角度标注"这 4 个选项组,如图 5-131 所示。

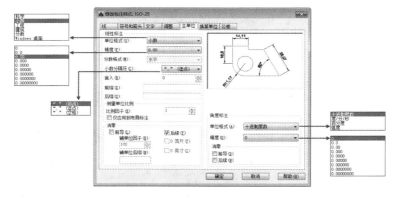

图 5-131

"主单位"选项卡可以对标注尺寸的精度进行设置,并能给标注文本加入前缀或者后缀等。

◆ "线性标注"选项组

- 单位格式:设置除角度标注之外的其余各标注类型的尺寸单位,包括"科学""小数""工程""建筑""分数""Windows 桌面"这 6 个选项。
- 精度:设置除角度标注之外的其他标注的尺寸精度。
- 分数格式:可以设置分数的格式,包括"水平""对角""非堆叠"3 种方式。
- 小数分隔符:设置小数的分隔符,包括"逗点""句点""空格"3 种方式。

- 舍入：用于设置除角度标注之外的尺寸测量值的舍入值。
- 前缀和后缀：设置标注文字的前缀和后缀，在相应的文本框中输入字符即可。

◆ **"测量单位比例"选项组**

使用"比例因子"文本框可以设置测量尺寸的缩放比例，AutoCAD 的实际标注值为测量值与该比例的乘积。勾选"仅应用到布局标注"复选框，可以设置该比例关系仅适用于布局。

◆ **"消零"选项组**

该选项组中包括"前导"和"后续"两个复选框，设置是否消除角度尺寸的前导和后续零，如图 5-132 所示。

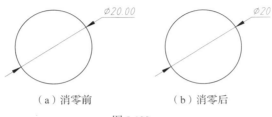

（a）消零前　　　　　　（b）消零后

图 5-132

◆ **"角度标注"选项组**

- 单位格式：在此下拉列表框中设置标注角度时的单位。
- 精度：在此下拉列表框中设置标注角度时的尺寸精度。

6. "换算单位"选项卡

"换算单位"选项卡包括"换算单位""消零""位置"这 3 个选项组，如图 5-133 所示。在"换算单位"选项组中可以方便地改变标注的单位，通常用于公制单位与英制单位互换。

勾选"显示换算单位"复选框后，对话框的其他选项才可用，可以在"换算单位"选项组中设置换算单位的"单位格式""精度""换算单位倍数""舍入精度""前缀""后缀"等，方法与设置主单位的方法相同，在此不赘述。

图 5-133

7. "公差"选项卡

"公差"选项卡包括"公差格式""公差对齐""消零""换算单位公差"这 4 个选项组，如图 5-134 所示。

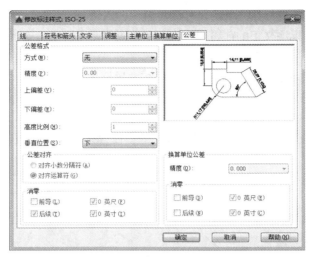

图 5-134

"公差"选项卡中可以设置公差的标注格式，其中各选项含义如下。

- 方式：在此下拉列表框中有表示标注公差的几种方式，如图 5-135 所示。
- 上偏差和下偏差：设置尺寸上偏差、下偏差值。
- 高度比例：确定公差文字的高度比例因子。确定后，AutoCAD 将该比例因子与尺寸文字高度之积作为公差文字的高度。
- 垂直位置：控制公差文字相对于尺寸文字的位置，包括"上""中""下"3 种方式。
- 换算单位公差：当标注换算单位时，可以设置换算单位精度和是否消零。

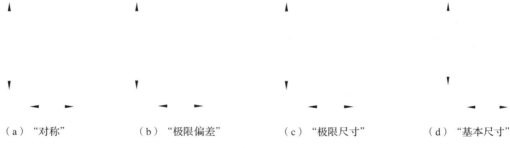

（a）"对称"　　　　　　（b）"极限偏差"　　　　　　（c）"极限尺寸"　　　　　　（d）"基本尺寸"

图 5-135

5.4 课堂练习——标注庭院立面图

知识要点：通过对图 5-136 所示的庭院一角立面图的标注，巩固之前所学的各类尺寸标注的操作和编辑方法，提高绘图技巧。

素材文件：第 5 章 \5.4 标注庭院立面图 .dwg。

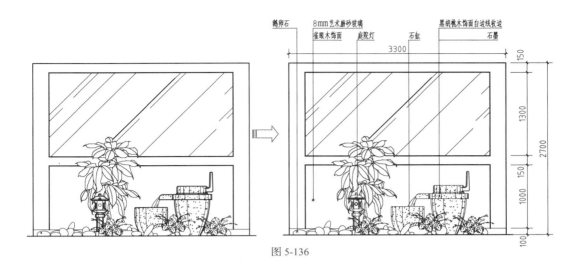

图 5-136

5.5 课后习题——标注建筑立面图

知识要点：建筑制图的标注样式和机械制图、室内制图并不一样，因此在进行建筑制图时，首先需要修改尺寸标注样式，将箭头设置为"建筑标记"，然后修改其他结构，最后再执行标注命令，如图 5-137 所示。

素材文件：第 5 章 \5.5 标注建筑立面图 .dwg。

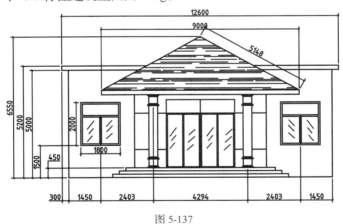

图 5-137

第6章 文字与表格

本章介绍

· 文字与表格是图纸中的重要组成部分，用于注释和说明图形中难以表达的特征，如机械图纸中的技术要求、材料明细表，建筑图纸中的安装施工说明、图纸目录表等。本章介绍 AutoCAD 中文字与表格的创建和编辑方法。

课堂学习目标

- 掌握文字的创建和编辑方法
- 掌握表格的创建和编辑方法

6.1 创建文字

文字注释是绘图中很重要的内容。进行各种设计时，不仅要绘制出图形，还需要在图形中标注一些注释性的文字，对不便于用图形表达的设计加以说明，使设计表达更加清晰。

6.1.1 课堂案例——为零件图添加注释

学习目标： 先通过编辑文字命令为图形的尺寸标注添加精度数值，然后创建多行文字添加注释。

知识要点： 在机械制图中，不带公差的尺寸是很少见的，这是因为在实际的生产中误差是始终存在的。制定公差的目的就是确定产品的几何参数，使其变动量在一定的范围之内，以达到互换或配合的要求。除此之外，还需要为图形添加技术说明等说明性文字。一张完整的工程图如图 6-1 所示。

素材文件： 第 6 章 \6.1.1 为零件图添加注释 .dwg。

（1）打开素材文件，如图 6-2 所示，已经标注好了所需的尺寸。

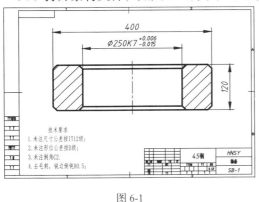

图 6-1

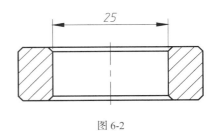

图 6-2

（2）添加直径符号。双击尺寸 25，打开"文字编辑器"选项卡，然后将鼠标指针移动至 25 之前，输入"%%C"，为其添加直径符号，如图 6-3 所示。

（3）输入公差文字。再将鼠标指针移至 25 的后方，依次输入"K7 +0.006^ −0.015"，如图 6-4 所示。

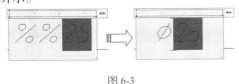

图 6-3

图 6-4

（4）创建尺寸公差。接着按住鼠标左键选择"+0.006^ −0.015"文字，然后单击"文字编辑器"选项卡中"格式"面板中的"堆叠"按钮 ，即可创建尺寸公差，如图 6-5 所示。

图 6-5

（5）此时图形效果如图 6-6 所示，接着执行"格式"|"文字样式"命令，新建名称为"文字"

的文字样式。

（6）在"文字样式"对话框中设置"字体"为"仿宋"、"字体样式"为"常规"、"高度"为"3.5"、"宽度因子"为"0.7"，并将该字体设置为当前，如图6-7所示。

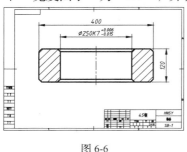

图6-6   图6-7

（7）在命令行中输入T并按Enter键，根据命令行提示在图形左下角指定一个矩形范围作为文本区域，如图6-8所示。

图6-8

（8）在文本框中输入图6-9所示的多行文字，在"文字编辑器"选项卡中设置"字高"为"12.5"，输入一行之后，按Enter键换行。在文本框外任意位置单击，结束输入，效果如图6-10所示。

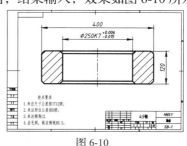

图6-9   图6-10

6.1.2 文字样式的创建

与"标注样式"一样，文字内容也可以设置"文字样式"来定义文字的外观，包括字体、高度、宽度比例、倾斜角度和排列方式等，文字样式是对文字特性的一种描述。

1. 新建文字样式

要创建文字样式，首先要打开"文字样式"对话框，该对话框不仅显示了当前图形文件中已经创建的所有文字样式，还显示了当前文字样式的设置和外观预览。在该对话框中不但可以新建并设置文字样式，还可以修改或删除已有的文字样式。

执行"文字样式"命令有以下几种方法。

- 功能区：在"默认"选项卡中，单击"注释"面板上的"文字样式"按钮，如图 6-11 所示。
- 菜单栏：执行"格式"|"文字样式"命令，如图 6-12 所示。
- 命令行：STYLE 或 ST。

执行"文字样式"命令后，系统弹出"文字样式"对话框，如图 6-13 所示，可以在其中新建或修改当前文字样式，指定字体、高度等参数。

图 6-11   图 6-12   图 6-13

"文字样式"对话框中各选项的含义如下。

- 样式：列出了当前可以使用的文字样式，默认文字样式为"Standard"（标准）。
- 字体名：在该下拉列表框中可以选择不同的字体，如宋体、黑体和楷体等，如图 6-14 所示。
- 使用大字体：用于指定大字体文件，只有扩展名为".shx"的字体文件才可以创建大字体。
- 字体样式：在该下拉列表框中可以选择其他字体样式。
- 置为当前：单击该按钮，可以将选择的文字样式设置成当前的文字样式。
- 新建：单击该按钮，系统弹出"新建文字样式"对话框，如图 6-15 所示。在"样式名"文本框中输入新建样式的名称，单击"确定"按钮，新建文字样式将显示在"样式"列表框中。

图 6-14

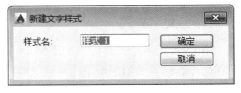

图 6-15

- 颠倒：勾选该复选框之后，文字方向将翻转，如图 6-16 所示。
- 反向：勾选该复选框，文字的阅读顺序将与开始时相反，如图 6-17 所示。
- 高度：该参数可以控制文字的高度，即控制文字的大小。
- 宽度因子：该参数控制文字的宽度，默认宽度因子为 1。如果增大因子，那么文字将会变宽。图 6-18 所示为宽度因子变为 2 时的效果。
- 倾斜角度：该参数控制文字的倾斜角度，默认倾斜角度为 0。图 6-19 所示为文字倾斜 45° 后的效果。要注意的是用户只能输入 −85° ~85° 的角度值，超过这个范围的角度值将无效。

图 6-16　　　　　　图 6-17　　　　　　图 6-18　　　　　　图 6-19

> **提示**
>
> 　　有时打开文件后字体和符号变成了问号或有些字体不显示，打开文件时提示"缺少 SHX 文件"或"未找到字体"，出现上述字体无法正确显示的情况均是由于字体库出现了问题，可能是系统中缺少显示该文字的字体文件、指定的字体不支持全角标点符号或文字样式已被删除，并且有的特殊文字需要特定的字体才能正确显示。

2. 应用文字样式

在创建的多种文字样式中，只能有一种文字样式作为当前的文字样式，系统默认创建的文字均使用当前文字样式。因此要应用文字样式，首先应将其设置为当前文字样式。

设置当前文字样式的方法有以下几种。

- 在"文字样式"对话框的"样式"列表框中选择要置为当前的文字样式，单击"置为当前"按钮，如图 6-20 所示。
- 在"注释"面板中的"文字样式"下拉列表框中选择要置为当前的文字样式，如图 6-21 所示。

图 6-20

图 6-21

3. 重命名文字样式

用户在命名文字样式时如果出现错误，需对其进行修改，重命名文字样式的方法有以下几种。

- 在命令行输入"RENAME"（或 REN）并按 Enter 键，打开"重命名"对话框。在"命名对象"列表框中选择"文字样式"选项，然后在"项数"列表框中选择"标注"选项，在"重命名为"文本框中输入新的名称，如"园林景观标注"，然后单击"重命名为"按钮，最后单击"确定"按钮关闭对话框，如图 6-22 所示。
- 在"文字样式"对话框的"样式"列表框中选择要重命名的样式名并右击，在弹出的快捷菜单中选择"重命名"选项，如图 6-23 所示。但采用这种方式不能重命名"Standard"文字样式。

图 6-22　　　　　　　　　　　　　图 6-23

4. 删除文字样式

文字样式会占用一定的系统存储空间，可以删除一些不需要的文字样式以节约存储空间。删除文字样式的方法只有 1 种，即在"文字样式"对话框的"样式"列表框中选择要删除的样式名并右击，在弹出的快捷菜单中选择"删除"选项，或单击对话框中的"删除"按钮，如图 6-24 所示。

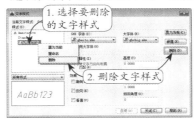

图 6-24

提示

当前的文字样式不能被删除，如果要删除当前文字样式，可以先将别的文字样式置为当前，然后再进行删除。

6.1.3　创建单行文字

"单行文字"是将输入的文字以"行"为单位作为一个对象来处理。即使在单行文字中输入若干行文字，每一行文字仍是单独的对象。"单行文字"的特点就是每一行均可以独立移动、复制或编辑，因此，可以用来创建内容比较简短的文字对象，如图形标签、名称、时间等。

1. 单行文字的创建

在 AutoCAD 2016 中执行"单行文字"命令有以下几种方法。
- 功能区：在"默认"选项卡中，单击"注释"面板上的"单行文字"按钮 **A**，如图 6-25 所示。
- 菜单栏：执行"绘图"|"文字"|"单行文字"命令，如图 6-26 所示。
- 命令行：DTEXT、TEXT 或 DT。

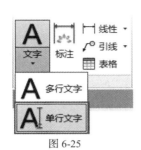

图 6-25   图 6-26

执行"单行文字"命令后，就可以根据命令行的提示输入文字，命令行提示如下。

命令：_dtext   // 执行"单行文字"命令

当前文字样式："Standard" 文字高度：2.5000 注释性：否   // 显示当前文字样式

指定文字的起点或 [对正 (J)/ 样式 (S)]:   // 在绘图区合适位置任意拾取一个点

指定高度 <2.5000>: 3.5 ✓   // 指定文字高度

指定文字的旋转角度 <0>: ✓   // 指定文字旋转角度，一般默认值为 0

在执行命令的过程中，需要输入的参数有文字起点、文字高度（此提示只有在当前文字样式的字高为 0 时才显示）、文字旋转角度和文字内容。文字起点用于指定文字的插入位置，是文字对象的左下角点。文字旋转角度指文字相对于水平位置的倾斜角度。

设置完成后，绘图区将出现一个带光标的矩形框，在其中输入文字即可，如图 6-27 所示。

在输入单行文字时，按 Enter 键不会结束文字的输入，而是表示换行，且行与行之间是互相独立存在的。在空白处单击则会新建另一处单行文字，只有按快捷键 Ctrl+Enter 才能结束单行文字的输入。

"单行文字"命令行中各选项含义说明如下。

- 指定文字的起点：默认情况下，指定的起点位置即是文字行基线的起点位置。指定起点位置，然后输入文字的旋转角度值，即可进行文字的输入。在输入完成后，按两次 Enter 键或将鼠标指针移至图纸的其他任意位置并单击，然后按 Esc 键即可结束单行文字的输入。
- 对正：该选项可以设置文字的对正方式。
- 样式：选择该选项后可以在命令行中直接输入文字样式的名称，也可以输入"？"打开 "AutoCAD 文本窗口"窗口，该窗口将显示当前图形中已有的文字样式和其他信息，如图 6-28 所示。

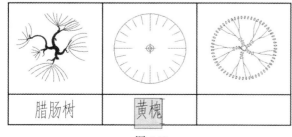

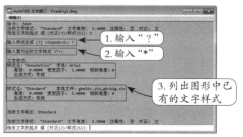

图 6-27   图 6-28

"对正"选项用于设置文字的缩排和对齐方式。选择该选项，可以设置文字的对正点，命令行提示如下。

[左(L)/居中(C)/右(R)/对齐(A)/中间(M)/布满(F)/左上(TL)/中上(TC)/右上(TR)/左中(ML)/正中(MC)/右中(MR)/左下(BL)/中下(BC)/右下(BR)]:

命令行中主要选项的含义如下。

- 左：可使生成的文字以插入点为基点向左对齐。
- 居中：从基线的水平中心对齐文学，此基线是由用户给出的点指定的。
- 右：可使生成的文字以插入点为基点向右对齐。
- 中间：文字在基线的水平中点和指定高度的垂直中点上对齐，中间对齐的文字不保持在基线上。
- 左上：可使生成的文字以插入点为字符串的左上点。
- 中上：可使生成的文字以插入点为字符串顶线的中心点。
- 右上：可使生成的文字以插入点为字符串的右上点。
- 左中：可使生成的文字以插入点为字符串的左中点。
- 正中：可使生成的文字以插入点为字符串的正中点。
- 右中：可使生成的文字以插入点为字符串的右中点。
- 左下：可使生成的文字以插入点为字符串的左下点。
- 中下：可使生成的文字以插入点为字符串底线的中心点。
- 右下：可使生成的文字以插入点为字符串的右下点。

要充分理解对齐位置与单行文字的关系，就需要先了解文字的组成结构。

AutoCAD 2016 为"单行文字"的水平文本规定了 4 条定位线，即顶线（Top Line）、中线（Middle Line）、基线（Base Line）、底线（Bottom Line），如图 6-29 所示。顶线为大写字母顶部所对齐的线，基线为大写字母底部所对齐的线，中线处于顶线与基线的正中间，底线为长尾小写字母底部所在的线，汉字在顶线和基线之间。系统提供了 13 个对齐点及 15 种对齐方式，如图 6-29 所示。其中，各对齐点即为文本行的插入点。

图 6-29 中还有"对齐"和"布满"这两种方式没有示意，分别介绍如下。

- 对齐：指定文本行基线的两个端点以确定文字的高度和方向。系统将自动调整字符高度使文字在两端点之间均匀分布，而字符的宽高比例不变，如图 6-30 所示。
- 布满：指定文本行基线的两个端点以确定文字的方向。系统将调整字符的宽高比例，以使文字在两端点之间均匀分布，而文字高度不变，如图 6-31 所示。

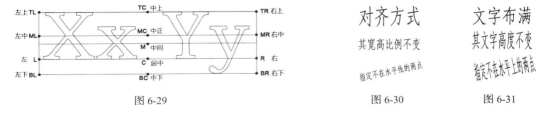

图 6-29   图 6-30   图 6-31

2. 单行文字的编辑

同 Word、Excel 等办公软件一样，在 AutoCAD 2016 中，也可以对文字进行编辑和修改。本节便介绍如何对"单行文字"的文字特性和内容进行编辑与修改，修改文字内容有以下几种方法。

- 菜单栏：执行"修改"|"对象"|"文字"|"编辑"命令。
- 命令行：DDEDIT 或 ED。
- 快捷操作：直接在要修改的文字上双击。

执行"编辑"命令后，文字将变成可输入状态，如图 6-32 所示。此时可以重新输入需要的文字内容，然后按 Enter 键退出即可，如图 6-33 所示。

某小区景观设计总平面图　　　　　　某小区景观设计总平面图1:200

图 6-32　　　　　　　　　　　　图 6-33

在标注的文字出现错输、漏输或多输的情况下，可以运用上面的方法修改文字的内容。但是这样只能够修改文字的内容，而很多时候还需要修改文字的高度、大小、旋转角度、对正样式等特性。修改单行文字特性有以下几种方法。

- 功能区：在"注释"选项卡中，单击"文字"面板中的"缩放"按钮[A] 缩放或"对正"按钮[A]，如图 6-34 所示。
- 菜单栏：执行"修改"|"对象"|"文字"|"比例"或"对正"命令，如图 6-35 所示。
- 对话框：在"文字样式"对话框中修改文字的颠倒、反向和垂直效果。

图 6-34　　　　　　　　　　　　图 6-35

3. 往单行文字中插入特殊符号

单行文字的可编辑性较弱，只能通过输入特殊符号的方式插入文字控制符。AutoCAD 的特殊符号由两个百分号（%%）和一个字母构成，常用的特殊符号输入方法如表 6-1 所示。在文本编辑状态输入特殊符号时，对应的控制符也临时显示在屏幕上。当结束文本编辑之后，这些控制符将从屏幕上消失，转换成相应的特殊符号。

表 6-1　AutoCAD 常用文字控制符

特殊符号	功　能
%%O	打开或关闭文字上画线
%%U	打开或关闭文字下画线
%%D	标注（°）符号
%%P	标注正负公差（±）符号
%%C	标注直径（Ø）符号

在 AutoCAD 的控制符中，%%O 和 %%U 分别是上画线与下画线的开关。第一次出现此符号时，可打开上画线或下画线；第二次出现此符号时，则会关掉上画线或下画线。

6.1.4　创建多行文字

"多行文字"又称为段落文字，是一种更易于管理的文字对象，可以由两行以上的文字组成，而且各行文字都可以作为一个整体。在制图中，常使用多行文字功能创建较为复杂的文字说明，如图样的工程说明或技术要求等。与"单行文字"相比，"多行文字"格式更工整规范，可以对文字进行更为复杂的编辑，如为文字添加下画线、设置文字段落对齐方式、为段落添加编号和项目符号等。

1. 多行文字的创建

可以通过以下几种方法创建多行文字。

- 功能区：在"默认"选项卡中，单击"注释"面板上的"多行文字"按钮[A]，如图 6-36 所示。
- 菜单栏：执行"绘图"｜"文字"｜"多行文字"命令，如图 6-37 所示。
- 命令行：MTEXT 或 MT 或 T。

图 6-36

图 6-37

执行"多行文字"命令后，命令行操作如下。

命令：MTEXT↙
当前文字样式："景观设计文字样式" 文字高度：600　注释性：否
指定第一角点：　　　// 指定多行文字框的第一个角点
指定对角点或 [高度 (H)/ 对正 (J)/ 行距 (L)/ 旋转 (R)/ 样式 (S)/ 宽度 (W)/ 栏 (C)]：
　　　　　　　　// 指定多行文字框的对角点

在指定了输入文字的对角点之后，弹出图 6-38 所示的"文字编辑器"选项卡和"多行文字编辑框"，用户可以在"多行文字编辑框"中输入文字。

图 6-38

"多行文字编辑器"由"多行文字编辑框"和"文字编辑器"选项卡组成，它们的作用说明如下。

- 多行文字编辑框：包含了制表位和缩进，可以十分快捷地对所输入的文字进行调整，各部分功能如图 6-39 所示。

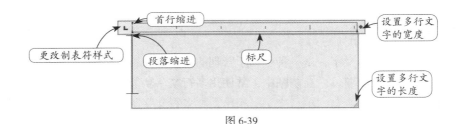

图 6-39

- "文字编辑器"选项卡：包含"样式"面板、"格式"面板、"段落"面板、"插入"面板、"拼写检查"面板、"工具"面板、"选项"面板和"关闭"面板，如图 6-40 所示。在"多行文字编辑框"中，选择文字，通过"文字编辑器"选项卡可以修改文字的大小、字体、颜色等。

图 6-40

2. 往多行文字中插入特殊符号

"多行文字"的编辑和"单行文字"的编辑操作相同，在此不赘述，本节只介绍往"多行文字"中插入特殊符号的方法。与单行文字相比，在多行文字中插入特殊符号的方式更灵活。除了使用控制符的方法外，还有以下两种途径。

- 在"文字编辑器"选项卡中，单击"插入"面板上的"符号"按钮 @，在列表中选择所需的符号即可，如图 6-41 所示。
- 在编辑状态下右击，在弹出的快捷菜单中选择"符号"选项，如图 6-42 所示，其子菜单中包括了常用的各种特殊符号。

3. 创建堆叠文字

如果要创建堆叠文字（一种垂直对齐的文字或分数），可先输入要堆叠的文字，然后使用"/""#""^"进行分隔，再选择要堆叠的文字，单击"文字编辑器"选项卡中"格式"面板中的"堆叠"按钮，则文字按照要求自动堆叠。堆叠文字在机械绘图中应用较多，可以用来创建尺寸公差、分数等，如图 6-43 所示。需要注意的是，这些分隔符号必须是英文格式的符号。

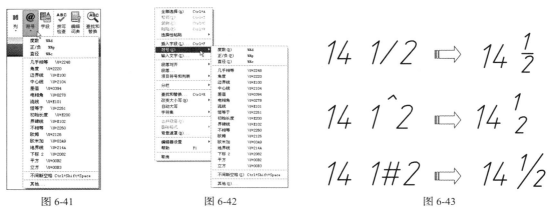

图 6-41   图 6-42   图 6-43

6.1.5　文字的查找与替换

一个图形文件中往往有大量的文字注释，有时需要查找某个词语，并将其替换，如替换某个拼写上的错误，这时就可以使用"查找"命令进行查找并替换。

执行"查找"命令有以下几种方法。

- 功能区：在"注释"选项卡的"文字"面板上的"查找"文本框中输入要查找的文字，如图 6-44 所示。
- 菜单栏：执行"编辑"|"查找"命令，如图 6-45 所示。
- 命令行：FIND。

执行"查找"命令后，弹出"查找和替换"对话框，如图 6-46 所示。在"查找内容"文本框中输入要查找的文字，然后在"替换为"文本框中输入要替换的文字，单击"完成"按钮即可完成操作。该对话框的操作与 Word 等其他文本编辑软件一致。

图 6-44

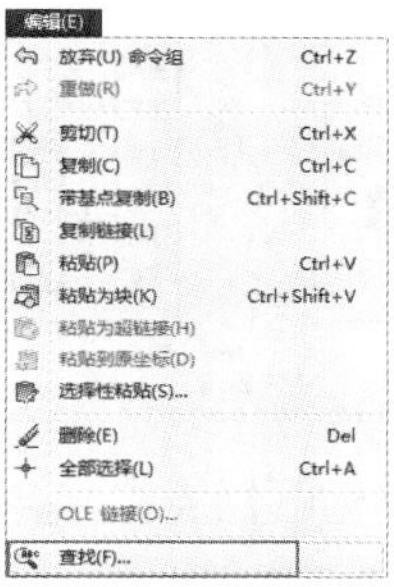

图 6-45

图 6-46

"查找和替换"对话框中各选项的含义如下。

- 查找内容：用于指定要查找的内容。
- 替换为：用于指定替换查找内容的文字。
- 查找位置：用于指定查找范围是整个图形还是当前选择的范围。
- 搜索选项：用于指定搜索文字的范围和大小写区分等。
- 文字类型：用于指定查找文字的类型。
- 查找：输入查找内容之后，此按钮变为可用，单击即可查找指定内容。
- 替换：用于将当前被选中的文字替换为指定文字。
- 全部替换：将图形中所有的查找结果替换为指定文字。

6.2　创建表格

表格在各类制图中的运用非常普遍，主要用来展示与图纸相关的标准、数据信息、材料和装配信息等内容。根据不同类型的图纸（如机械图纸、工程图纸、电子的线路图纸等），对应的制图标准也不相同，这就需要设置符合产品设计要求的表格样式，并利用表格功能快速、清晰、醒目地反映设计思想及创意。使用 AutoCAD 的表格功能，能够自动创建和编辑表格，其操作方法与 Word、Excel 等软件相似。

6.2.1 课堂案例——创建标题栏表格

学习目标：先创建好标题栏表格的表格样式，然后在零件图的右下角创建表格，并填入文字。

知识要点：所有的工程类图纸都带有标题栏表格，用于填写图形和作者信息，如图 6-47 所示。本例便在现有图形基础之上，通过创建表格样式，再创建表格，接着将表格中的单元格进行合并，最后得到所需的标题栏表格。

素材文件：第 6 章 \6.2.1 创建标题栏表格 .dwg。

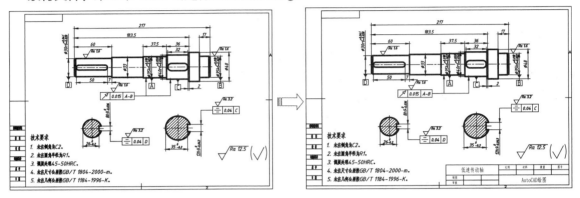

图 6-47

（1）打开素材文件"第 6 章 \6.2.1 创建标题栏表格 .dwg"，其中已经绘制好了一张零件图，只需添加标题栏表格即可，如图 6-48 所示。

（2）执行"格式"｜"表格样式"命令，系统弹出"表格样式"对话框，如图 6-49 所示。

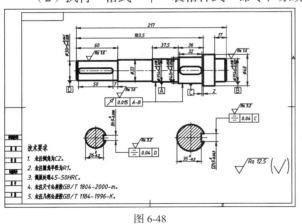

图 6-48

图 6-49

（3）单击"新建"按钮，系统弹出"创建新的表格样式"对话框，在"新样式名"文本框中输入"标题栏"，如图 6-50 所示。

（4）单击"继续"按钮，系统弹出"新建表格样式：标题栏"对话框，在"表格方向"下拉列表框中选择"向上"选项。

（5）单击"文字"选项卡，在"文字样式"下拉列表框中选择"表格文字"选项，并设置"文字高度"为 4，如图 6-51 所示。

（6）单击"确定"按钮，返回"表格样式"对话框，单击"置为当前"按钮，如图 6-52 所示。

单击"关闭"按钮，完成表格样式的创建。

图 6-50   图 6-51   图 6-52

（7）在命令行输入"TB"并按 Enter 键，系统弹出"插入表格"对话框。设置"插入方式"为"指定窗口"，然后设置"列数"为 7、"数据行数"为 2，设置所有行的单元样式均为"数据"，如图 6-53 所示。

（8）单击"插入表格"对话框中的"确定"按钮，然后在绘图区单击以确定表格左下角点，向上拖动十字光标，在合适的位置单击以确定表格右下角点。生成的表格如图 6-54 所示。

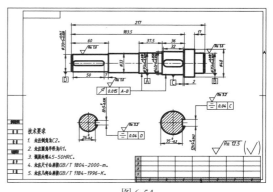

图 6-53   图 6-54

（9）双击单元格，系统弹出"文字编辑器"选项卡，合并相应单元格，输入图 6-55 所示的文字。

（10）在命令行输入"M"并按 Enter 键，移动该表格至右下角，效果如图 6-56 所示。

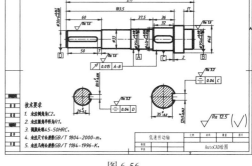

图 6-55   图 6-56

6.2.2 表格样式的创建

与文字类似，AutoCAD 2016 中的表格也有一定样式，包括表格内文字的字体、颜色、高度以及表格的行高、行距等。在插入表格之前，应先创建所需的表格样式。创建表格样式有以下几种方法。

- 功能区：在"默认"选项卡中，单击"注释"面板上的"表格样式"按钮，如图 6-57 所示。
- 菜单栏：执行"格式"|"表格样式"命令，如图 6-58 所示。
- 命令行：TABLESTYLE 或 TS。

执行"表格样式"命令后，系统弹出"表格样式"对话框，如图 6-59 所示。通过该对话框可将表格样式置为当前，以及修改、删除或新建表格样式。单击"新建"按钮，系统弹出"创建新的表格样式"对话框，如图 6-60 所示。

图 6-57

图 6-58

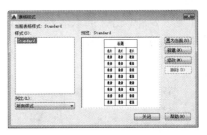

图 6-59

在"新样式名"文本框中输入表格样式名称，在"基础样式"下拉列表框中选择一个基础样式，单击"继续"按钮，系统弹出"新建表格样式：Standard 副本"对话框，如图 6-61 所示，可以对样式进行具体设置。

单击"新建表格样式：Standard 副本"对话框中的"管理单元样式"按钮，弹出图 6-62 所示的"管理单元样式"对话框，在该对话框里可以对单元样式进行添加、删除和重命名操作。

图 6-60

图 6-61

图 6-62

"新建表格样式"对话框由"起始表格""常规""单元样式""单元样式预览"4 个选项组组成，主要选项组的含义如下。

1. 起始表格

该选项组允许用户在图形中指定一个表格作为参考样式。单击"选择表格"按钮，进入绘图区，可以在绘图区选择或录入表格。"删除表格"按钮与"选择表格"按钮作用相反。

2. 常规

该选项组用于更改表格方向，通过在"表格方向"下拉列表框中选择"向下"或"向上"选项来设置表格方向。

- 向下：创建由上而下读取的表格，标题行和列都在表格的顶部。
- 向上：创建由下而上读取的表格，标题行和列都在表格的底部。
- 预览框：显示当前表格样式设置效果的样例。

3. 单元样式

该选项组用于定义新的单元样式或修改现有单元样式。

"单元样式"下拉列表框显示表格中的单元样式。系统默认提供了"数据""标题""表头"3 种单元样式，用户如需要创建新的单元样式，可以单击右侧的"创建新单元样式"按钮，打开"创建新单元样式"对话框，如图 6-63 所示。在对话框中输入新的单元样式名，单击"继续"按钮创建新的单元样式。单击右侧的"管理单元样式"按钮时，会弹出图 6-64 所示的"管理单元样式"对话框，在该对话框里可以对单元样式进行添加、删除和重命名操作。

图 6-63	图 6-64

"单元样式"选项组中还有 3 个选项卡，如图 6-65 所示，内容分别介绍如下。

"常规"选项卡	"文字"选项卡	"边框"选项卡

图 6-65

"常规"选项卡

- 填充颜色：指定表格单元的背景颜色，默认填充颜色为"无"。
- 对齐：设置表格单元中文字的对齐方式。
- 水平：设置单元文字与左右单元边界之间的距离。
- 垂直：设置单元文字与上下单元边界之间的距离。

"文字"选项卡

- 文字样式：选择文字样式，单击按钮，打开"文字样式"对话框，利用它可以创建新的文字样式。
- 文字角度：设置文字倾斜角度。逆时针倾斜为正值，顺时针倾斜为负值。

"边框"选项卡

- 线宽：指定表格单元的边界线宽。
- 颜色：指定表格单元的边界颜色。

- 按钮：将边界特性设置应用于所有单元格。
- 按钮：将边界特性设置应用于表格的外部边界。
- 按钮：将边界特性设置应用于表格的内部边界。
- 按钮：将边界特性设置应用于表格的底、左、上和右边界。
- 按钮：隐藏单元格的边界。

6.2.3 插入表格

表格是在行和列中包含数据的对象，在设置表格样式后便可以创建表格对象，还可以将表格链接至 Excel 表格中的数据。在 AutoCAD 2016 中插入表格有以下几种方法。

- 功能区：在"默认"选项卡中，单击"注释"面板中的"表格"按钮，如图 6-66 所示。
- 菜单栏：执行"绘图"｜"表格"命令，如图 6-67 所示。
- 命令行：TABLE 或 TB。

执行"表格"命令后，系统弹出"插入表格"对话框，如图 6-68 所示。在"插入表格"对话框中包含多个选项组和对应选项。

设置好列数、列宽、行数和行高后，单击"确定"按钮，并在绘图区指定插入点，将会在当前位置按照表格设置插入一个表格，在此表格中添加相应的文本信息即可完成表格的创建。

图 6-66

图 6-67

图 6-68

"插入表格"对话框中包含 5 个选项组，各选项组参数的含义说明如下。

- 表格样式：在该选项组中不仅可以从下拉列表框中选择表格样式，也可以单击右侧的按钮创建新表格样式。
- 插入选项：该选项组中包含 3 个单选项。选择"从空表格开始"单选项可以创建一个空的表格；而选择"自数据链接"单选项可以从外部导入数据来创建表格，如 Excel 表格；若选择"自图形中的对象数据（数据提取）"单选项则可以从可输出到表格或外部的图形中提取数据来创建表格。默认情况下，系统均以"从空表格开始"方式插入表格。
- 插入方式：该选项组中包含两个单选项，其中选择"指定插入点"单选项可以在绘图区中的某点插入固定大小的表格；选择"指定窗口"单选项可以在绘图区中通过指定表格两对角点的方式来创建任意大小的表格。
- 列和行设置：在此选项组中，可以通过改变"列数""列宽""数据行数""行高"文本框中的数值来调整表格的外观大小。
- 设置单元样式：在此选项组中可以设置"第一行单元样式""第二行单元样式""所有其他行单元样式"。

6.2.4 编辑表格

在添加完成表格后，不仅可以根据需要对表格整体或表格单元执行拉伸、合并或添加等编辑操作，而且可以对表格的表指示器进行编辑，其中包括编辑表格形状和添加表格颜色等。

1. 编辑表格

当选择整个表格时右击，弹出的快捷菜单如图 6-69 所示。通过该快捷菜单，可以对表格进行剪切、复制、删除、移动、缩放和旋转等简单操作，还可以均匀调整表格的行、列大小，删除所有特性替代。当选择"输出"选项时，还可以打开"输出数据"对话框，以".csv"格式输出表格中的数据。

选择表格后，也可以通过拖动夹点的方式来编辑表格，各夹点的含义如图 6-70 所示。

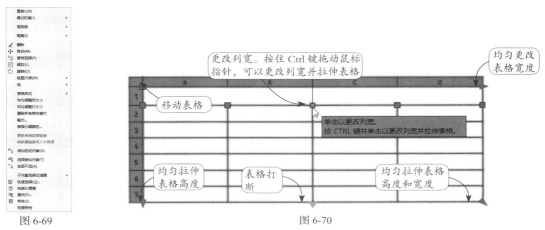

图 6-69　　　　　　　　图 6-70

2. 编辑表格单元

当选择表格单元格时右击，弹出的快捷菜单如图 6-71 所示。当选择表格单元格后，在表格单元格周围出现夹点，也可以通过拖动这些夹点来编辑单元格，各夹点的含义如图 6-72 所示。如果要选择多个单元格，可以按住鼠标左键并在与欲选择的单元格上拖动；也可以按住 Shift 键并在欲选择的单元格内单击，这样可以同时选择这两个单元格以及它们之间的所有单元格。

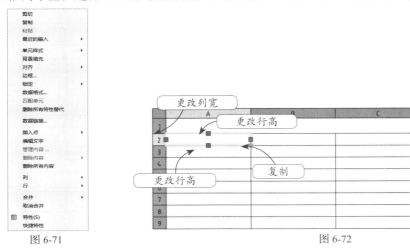

图 6-71　　　　　　　　图 6-72

6.2.5　添加表格内容

在 AutoCAD 2016 中，表格的主要作用就是清晰、完整、系统地表现图纸中的数据。表格中的数据都是通过单元格进行添加的，单元格不仅可以包含文本信息，而且还可以包含多个块。此外，还可以将 AutoCAD 2016 中的表格数据与 Excel 表格中的数据进行链接。

确定表格的结构之后，在表格中添加文字、块、公式等内容。添加表格内容之前，必须了解单元格的选中状态和激活状态。

- 选中状态：单元格的选中状态如图 6-72 所示。单击单元格内部即可选择单元格，选择单元格之后系统弹出"表格单元"选项卡。
- 激活状态：单元格为激活状态时，单元格呈灰底显示，并出现闪动的光标，如图 6-73 所示。双击单元格可以激活单元格，激活单元格之后系统弹出"文字编辑器"选项卡。

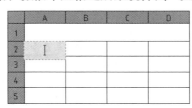

图 6-73

1. 添加数据

当创建表格后，系统会自动高亮显示第一个表格单元，并打开"文字格式"工具栏，此时可以开始输入文字，在输入文字的过程中，单元格的行高会随输入文字的高度或行数的增加而增加。要移动到下一单元，可以按 Tab 键或是按向左、向右、向上和向下箭头键。选中单元格按 F2 键可以快速编辑单元格中的文字。

2. 在表格中添加块

在表格中添加块和方程式需要选择单元格，选择单元格之后，系统将弹出"表格单元"选项卡，单击"插入"面板上的"块"按钮，系统弹出"在表格单元中插入块"对话框，如图 6-74 所示，此时可以浏览到块文件然后插入块。在单元格中插入块时，块可以自动适应单元格的大小，也可以调整单元格以适应块的大小，并且可以将多个块插入同一个单元格中。

图 6-74

3. 在表格中添加方程式

在表格中添加方程式可以将某单元格的值定义为其他单元格的组合运算值。选择单元格之后，在"表格单元"选项卡中，单击"插入"面板上的"公式"按钮 fx，弹出图 6-75 所示的列表，选择"方程式"选项，将激活单元格，进入文字编辑模式。输入与单元格相关的运算公式，如图 6-76 所示。该方程式的运算结果如图 6-77 所示。如果修改方程所引用的单元格，运算结果也会随之更新。

图 6-75

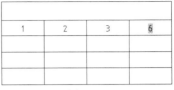

图 6-76　　　　　　　　　　　　　图 6-77

6.3 课堂练习——创建弧形文字

知识要点：很多时候需要对文字进行一些特殊处理，如输入圆弧对齐文字，即所输入的文字沿指定的圆弧均匀分布。要实现这个功能可以手动输入文字后再以阵列的方式完成操作，但在 AutoCAD 2016 中还有一种更为快捷有效的方法，即直接使用"Arctext"命令创建弧形文字，效果如图 6-78 所示。

素材文件：第 6 章 \ 6.3 创建弧形文字 .dwg。

图 6-78

6.4 课后习题——通过 Excel 创建表格

知识要点：如果要统计的数据过多，如电气设施的统计表，那么设计师会优先使用 Excel 进行处理，然后再导入 AutoCAD 2016 中生成表格，如图 6-79 所示。

素材文件：第 6 章 \ 6.4 电气设施统计表 .xls

序号	名 称	规格型号		重量/原值（吨/万元）	制造/投用（时间）	主体材质	操作条件	安装地点/使用部门	备注
1.0000	吸氨泵、碳化泵、浓氨泵（TH01）	MNS	1.0000		2010.04/2010.08	敷铝锌板	交流控制（AC380V/220V）	碳化配电室/	
2.0000	离心机1#-3主机、辅机控制（TH02）	MNS	1.0000		2010.04/2010.08	敷铝锌板	交流控制（AC380V/220V）	碳化配电室/	
3.0000	防爆控制箱	XBK-B24D24G	1.0000		2010.07	铸铁	交流控制（AC220V）	碳化值班室内/	
4.0000	防爆照明(动力) 配电箱	CBP51-7KXXG	1.0000		2010.11	铸铁	交流控制（AC380V）	碳化二楼/	
5.0000	防爆动力(电磁) 启动箱	BXG	1.0000		2010.07	铸铁	交流控制（AC380V）	碳化值班室内/	
6.0000	防爆照明(动力) 配电箱	CBP51-7KXXG	1.0000		2010.11	铸铁	交流控制（AC380V）	碳化一楼/	
7.0000	碳化循环水控制柜		1.0000		2010.11	普通钢板	交流控制（AC380V）	碳化配电室内/	
8.0000	碳化深水泵控制柜		1.0000		2011.04	普通钢板	交流控制（AC380V）	碳化配电室内/	
9.0000	防爆控制箱	XBK-B12D12G	1.0000		2010.07	铸铁	交流控制（AC380V）	碳化二楼/	
10.0000	防爆控制箱	XBK-B30D30G	1.0000		2010.07	铸铁	交流控制（AC380V）	碳化二楼/	

图 6-79

第**7**章

图层与图形特性

本章介绍

图层是 AutoCAD 2016 提供的组织图形的强有力工具。AutoCAD 2016 的图形对象必须绘制在某个图层上，可以是默认的图层，也可以是用户自己创建的图层。利用图层的特性（如颜色、线宽、线型等），可以非常方便地区分不同的对象。此外，AutoCAD 2016 还提供了强大的图层管理功能（如打开 / 关闭、冻结 / 解冻、锁定 / 解锁等），这些功能使用户可以非常方便地编辑图层。

课堂学习目标

- 掌握图层的创建和颜色、线宽、线型等图层属性的设置方法
- 了解图层的关闭、冻结、锁定等编辑方法
- 了解图层的转换、排序、删除等编辑方法

7.1 图层概述

本节介绍图层的基本概念和分类原则，使读者对 AutoCAD 图层的含义和作用，以及一些使用的原则有一个清晰的认识。

7.1.1 图层的基本概念

AutoCAD 图层相当于传统图纸中使用的重叠图纸。它就如同一张张透明的图纸，整个 AutoCAD 文档就是由若干张透明图纸上下叠加的结果，如图 7-1 所示。用户可以根据不同的特征、类别或用途，将图形对象分类组织到不同的图层中。同一个图层中的图形对象具有许多相同的外观属性，如线宽、颜色、线型等。

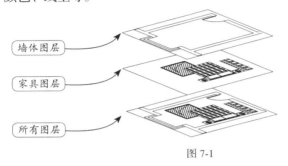

墙体图层

家具图层

所有图层

图 7-1

按图层组织对象有很多好处。首先，图层结构有利于设计人员对 AutoCAD 文档的阅读和绘制。不同工种的设计人员可以将不同类型对象组织到各自的图层中，最后统一叠加。阅读文档时，可以暂时隐藏不必要的图层，减少屏幕上的图形对象数量，提高显示效率，也有利于看图。修改图纸时，可以锁定或冻结其他工种的图层，以防误删、误改他人图纸。其次，按照图层组织对象可以减少数据冗余，压缩文件数据量，提高系统处理效率。许多图形对象都有共同的属性，如果逐个记录这些属性，那么这些共同属性将被重复记录。而按图层组织对象以后，具有共同属性的图形对象同属一个层，可以减少重复操作，提高效率。

7.1.2 图层分类原则

按照图层组织对象，将图形对象分类组织到不同的图层中，这是 AutoCAD 设计人员的一个良好习惯。在新建文档时，首先应该在绘图前大致设计好文档的图层结构。多人协同设计时，更应该设计好一个统一而又规范的图层结构，以便数据交换和共享，切忌将所有的图形对象全部放在同一个图层中。

可以按照以下的原则组织图层。

• 按照图形对象的使用性质分层。例如在建筑设计中，可以将墙体、门窗、家具、绿化分在不同的图层。

• 按照外观属性分层。具有不同线型或线宽的实体应当分属不同的图层，这是一个很重要的原则。例如，机械设计中，粗实线（外轮廓线）、虚线（隐藏线）和点画线（中心线）就应该分属 3 个不同的图层，这样也方便打印控制。

• 按照模型和非模型分层。AutoCAD 制图的过程实际上是建模的过程，图形对象是模型的一部分，文字标注、尺寸标注、图框、图例符号等并不属于模型本身，是设计人员为了便于文件的阅读而人为添加的说明性内容，所以模型和非模型应当分属不同的图层。

7.2 图层的创建与设置

图层的创建、设置等操作通常在"图层特性管理器"选项板中进行。此外，用户也可以使用"图层"面板或"图层"工具栏快速管理图层。使用"图层特性管理器"选项板可以控制图层的颜色、线型、线宽、透明度、是否打印等，本节仅介绍前 3 种，后面的设置操作方法与此相同，便不再介绍。

7.2.1 课堂案例——为零件图添加图层

学习目标：新建图层并重命名，然后修改图层的颜色、线型、线宽等特性。

知识要点：本例介绍基本图层的创建，在案例中要求分别建立"粗实线""细实线""中心线""标注与注释""细虚线"层，这些图层的主要特性如表 7-1 所示（根据《GB/T 17450 – 1998 技术制图规章》，适用于建筑、机械等工程制图）。

表 7-1　图层特性列表

序号	图层名	线宽 / mm	线　型	颜色	打印属性
1	粗实线	0.3	Continuous	白	打印
2	细实线	0.15	Continuous	红	打印
3	中心线	0.15	CENTER	红	打印
4	标注与注释	0.15	Continuous	绿	打印
5	细虚线	0.15	ACAD-ISO 02W100	蓝	打印

（1）在"默认"选项卡中，单击"图层"面板中的"图层特性"按钮，系统弹出"图层特性管理器"选项板，单击"新建"按钮，新建图层。系统默认新建图层的名称为"图层 1"，如图 7-2 所示。

（2）此时名称文本框呈可编辑状态，在其中输入"中心线"并按 Enter 键，完成中心线图层的创建，如图 7-3 所示。

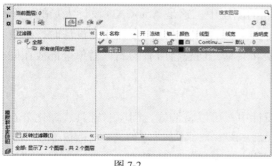

图 7-2

图 7-3

（3）单击"颜色"属性，在弹出的"选择颜色"对话框中选择"红色"选项，如图 7-4 所示。

单击"确定"按钮，返回"图层特性管理器"选项板。

（4）单击"线型"属性，弹出"选择线型"对话框，如图 7-5 所示。

（5）在对话框中单击"加载"按钮，在弹出的"加载或重载线型"对话框中选择"CENTER"线型，如图 7-6 所示。单击"确定"按钮，返回"选择线型"对话框。再次选择"CENTER"线型，如图 7-7 所示。

图 7-4   图 7-5   图 7-6

（6）单击"确定"按钮，返回"图层特性管理器"选项板。单击"线宽"属性，在弹出的"线宽"对话框中选择线宽为 0.15mm，如图 7-8 所示。

（7）单击"确定"按钮，返回"图层特性管理器"选项板。设置的中心线图层如图 7-9 所示。

图 7-7   图 7-8   图 7-9

（8）重复上述步骤，分别创建"粗实线"层、"细实线"层、"标注与注释"层和"细虚线"层，为各图层设置合适的颜色、线型和线宽特性，结果如图 7-10 所示。

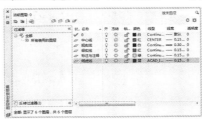

图 7-10

7.2.2 新建并命名图层

在使用 AutoCAD 进行绘图工作前，用户应该先根据自身行业要求创建好对应的图层。AutoCAD 的图层创建和设置都在"图层特性管理器"选项板中进行。打开"图层特性管理器"选项板有以下几种方法。

- 功能区：在"默认"选项卡中，单击"图层"面板中的"图层特性"按钮 编，如图 7-11 所示。
- 菜单栏：执行"格式"|"图层"命令，如图 7-12 所示。
- 命令行：LAYER 或 LA。

执行"图层"命令后，弹出"图层特性管理器"选项板，如图 7-13 所示，单击对话框上方的"新建"按钮，即可新建一个图层项目。默认情况下，创建的图层会以"图层 1""图层 2"等按顺序进行命名，用户也可以自行输入易辨别的名称，如"轮廓线""中心线"等。输入图层名称之后，依次设置该图层对应的颜色、线型、线宽等特性。

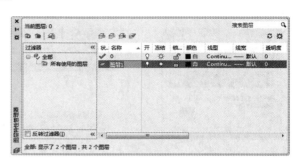

图 7-11 图 7-12 图 7-13

设置为当前的图层项目的前面会出现✔符号。图 7-14 所示为将粗实线图层置为当前图层，其颜色设置为红色、线型为实线、线宽为 0.3mm。

提示

图层的名称最多可以包含 255 个字符，并且中间可以含有空格，图层名区分大小写字母。图层名不能包含的符号有 <、>、^、"、"、；、? 、、*、|、,、=、'等，如果用户在命名图层时提示失败，可检查是否含有这些非法字符。

"图层特性管理器"选项板主要分为"图层树状区"与"图层设置区"两部分，如图 7-15 所示。

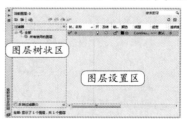

图 7-14 图 7-15

1. 图层树状区

"图层树状区"用于显示图形中图层和过滤器的层次结构列表，其中"全部"用于显示图形中所有的图层，而"所有使用的图层"过滤器则为只读过滤器。过滤器按字母顺序进行显示。

"图层树状区"各选项的作用如下。

- 新建特性过滤器：单击该按钮弹出图 7-16 所示的"图层过滤器特性"对话框，此时可以根据图层的特性（如颜色、线宽等）创建"特性过滤器"。
- 新建组过滤器：单击该按钮可创建"组过滤器"，在"组过滤器"内可以包含多个"特性过滤器"，如图 7-17 所示。

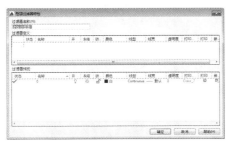
图 7-16

图 7-17

- 图层状态管理器：单击该按钮将弹出图 7-18 所示的"图层状态管理器"对话框，通过该对话框中的列表可以查看当前保存在图形中的图层状态、存在空间、图层列表是否与图形中的图层列表相同。
- 反转过滤器：勾选该复选框后，将在右侧列表中显示所有与过滤性不符合的图层。如当"特性过滤器 1"中选择颜色为绿色的图层时，勾选该复选框将显示所有非绿色的图层。
- 状态栏：状态栏内罗列出了当前过滤器的名称、列表视图中显示的图层数与图形中的图层数等信息，如图 7-19 所示。

图 7-18

图 7-19

2. 图层设置区

"图层设置区"具有搜索、创建、删除图层等功能，并能显示图层具体的特性与说明。"图形设置区"各选项的作用如下。

- 搜索图层：通过在其左侧的文本框内输入搜索关键字符，可以按名称快速搜索相关的图层列表。
- 新建图层：单击该按钮可以在列表中新建一个图层。
- 在所有视口中都被冻结的新图层视口：单击该按钮可以创建一个新图层，但该图层在所有现有的布局视口中都会被冻结。
- 删除图层：单击该按钮将删除当前被选中的图层。
- 置为当前：单击该按钮可以将当前被选中的图层置为当前层，用户所绘制的图形将存放在该图层上。
- 刷新：单击该按钮可以刷新图层列表中的内容。
- 设置：单击该按钮将显示图 7-20 所示的"图层设置"对话框，用于调整"新图层通知""隔离图层设置""对话框设置"等内容。

图 7-20

7.2.3　设置图层颜色

为了区分不同的对象，设计时通常会为不同的图层设置不同的颜色。设置图层颜色之后，该图层上的所有对象均显示为该颜色（修改了对象特性的图形除外）。

打开"图层特性管理器"选项板，单击某一图层对应的"颜色"属性，如图 7-21 所示，弹出"选择颜色"对话框，如图 7-22 所示。在调色板中选择一种颜色，单击"确定"按钮，即完成颜色设置。

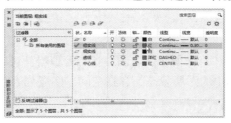
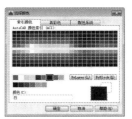

图 7-21　　　　　　　　　　　　　　　　图 7-22

7.2.4　设置图层线型

线型是指图形基本元素中线条的组成和显示方式，如实线、中心线、点画线、虚线等。通过线型的区别，可以直观判断图形对象的类别。在 AutoCAD 中默认的线型是实线（Continuous），其他的线型需要加载才能使用。

在"图层特性管理器"选项板中，单击某一图层对应的"线型"属性，弹出"选择线型"对话框，如图 7-23 所示。在默认状态下，"选择线型"对话框中只有"Continuous"一种线型。如果要使用其他线型，必须先将其添加到"选择线型"对话框中。单击"加载"按钮，弹出"加载或重载线型"对话框，如图 7-24 所示。从对话框中选择要使用的线型，单击"确定"按钮，完成线型加载。

图 7-23　　　　　　　　　　　　　　　　图 7-24

7.2.5　设置图层线宽

线宽即线条显示的宽度，使用不同宽度的线条表现对象的不同部分，可以提高图形的表达能力和可读性，如图 7-25 所示。

在"图层特性管理器"选项板中，单击某一图层对应的"线宽"属性，弹出"线宽"对话框，如图 7-26 所示，从中选择所需的线宽即可。

如果需要自定义线宽，可以在命令行中输入"LWEIGHT"并按 Enter 键，弹出"线宽设置"对话框，如图 7-27 所示。通过调整线宽比例，可使图形中的线宽更宽或更窄。

机械、建筑制图中通常采用粗、细两种线宽，在 AutoCAD 中常设置线宽的粗细比例为 2：1。共有 0.25/0.13、0.35/0.18、0.5/0.25、0.7/0.35、1/0.5、1.4/0.7、2/1（单位均为 mm）这 7 种组合，同一图纸只允许采用一种组合，其余行业制图请查阅相关标准。

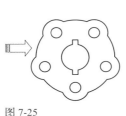  

图 7-25　　　　　　　　　图 7-26　　　　　　　　　图 7-27

7.2.6　打开与关闭图层

在绘图的过程中可以将暂时不用的图层关闭，被关闭的图层中的图形对象将不可见，并且不能被选择、编辑、修改和打印。在 AutoCAD 中关闭图层有以下几种方法。

- 对话框：在"图层特性管理器"选项板中选择要关闭的图层，单击"关闭"按钮 ♀ 即可关闭选择的图层，图层被关闭后该按钮将显示为 ♀，表明该图层已经被关闭，如图 7-28 所示。
- 功能区：在"默认"选项卡中，打开"图层"面板中的"图层"下拉列表框，单击目标图层的"关闭"按钮 ♀ 即可关闭图层，如图 7-29 所示。

图 7-28　　　　　　　　　图 7-29

提示

当关闭的图层为"当前图层"时，将弹出图 7-30 所示的对话框，此时单击"关闭当前图层"选项即可。如果要恢复关闭的图层，重复以上操作，单击图层前的"打开"按钮 ♀ 即可打开图层。

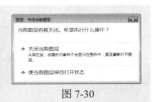

图 7-30

7.2.7　冻结与解冻图层

将长期不需要显示的图层冻结，可以提高系统运行速度，减少图形刷新的时间，因为这些图层将不会被加载到内存中。AutoCAD 不会显示、打印或重生成被冻结的图层上的对象。

在 AutoCAD 中冻结图层有以下几种方法。

- 对话框：在"图层特性管理器"选项板中单击要冻结的图层前的"冻结"按钮☼，即可冻结该图层，图层冻结后将显示为☼，如图 7-31 所示。
- 功能区：在"默认"选项卡中，打开"图层"面板中的"图层"下拉列表框，单击目标图层的"冻结"按钮☼，如图 7-32 所示。

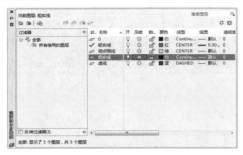

图 7-31　　　　　　　　　　　　　　　图 7-32

提示

如果要冻结的图层为"当前图层"，将弹出图 7-33 所示的对话框，提示无法冻结"当前图层"，此时需要将其他图层设置为"当前图层"才能冻结该图层。如果要恢复冻结的图层，重复以上操作，单击图层前的"解冻"按钮☼即可。

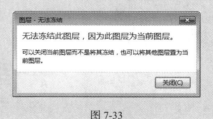

图 7-33

7.2.8　锁定与解锁图层

如果某个图层上的对象只需要显示、不需要被选择和编辑，那么可以锁定该图层。被锁定图层上的对象仍然可见，可以被选择、标注和测量，但会淡化显示，不能被编辑、修改和删除，另外还可以在该层上添加新的图形对象。因此使用 AutoCAD 绘图时，可以将中心线、辅助线等基准线条所在的图层锁定。

锁定图层有以下几种方法。

- 对话框：在"图层特性管理器"选项板中单击"锁定"按钮🔓，即可锁定该图层，图层锁定后该按钮将显示为🔒，如图 7-34 所示。
- 功能区：在"默认"选项卡中，打开"图层"面板中的"图层"下拉列表框，单击"锁定"按钮🔓即可锁定该图层，如图 7-35 所示。

图 7-34 　　　　　　　　　　　　　　　图 7-35

 提示

如果要解除图层锁定，重复以上的操作单击"解锁"按钮 🔒，即可解锁已经锁定的图层。

7.3　图层的编辑

在 AutoCAD 中，还可以对图层进行转换、排序、删除等操作，这样在绘制复杂的图形对象时，就可以有效地减少误操作，提高绘图效率。

7.3.1　课堂案例——输出图层状态

学习目标：新建图层对象，然后通过"图层特性管理器"选项板保存输出，当创建新图纸时即可调用该图层对象，省去了重复的创建工作。

知识要点：每次调整所有图层状态和特性都可能要花费很长的时间。实际上，可以保存并恢复图层状态集，也就是保存并恢复某个图形的所有图层的特性和状态，保存图层状态集之后，可随时恢复其状态。

（1）新建一个空白文档，创建好所需的图层并设置好它们的各项特性。

（2）在"图层特性管理器"选项板中单击"图层状态管理器"按钮 🔳，打开"图层状态管理器"对话框，如图 7-36 所示。

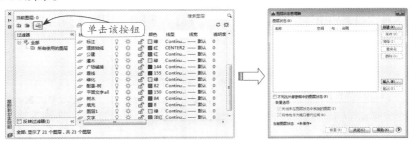

图 7-36

（3）在对话框中单击"新建"按钮，系统弹出"要保存的新图层状态"对话框，在该对话框的"新图层状态名"文本框中输入新图层的状态名，如图 7-37 所示，用户也可以输入说明文字进行备忘。最后单击"确定"按钮返回。

（4）系统返回"图层状态管理器"对话框，这时单击对话框右下角的 ⊙ 按钮，展开其余选项，在"要恢复的图层特性"选项组内选择要保存的图层状态和特性即可，如图 7-38 所示。

图 7-37 图 7-38

> **提示**
>
> 没有保存的图层状态和特性在后面恢复图层状态的时候就不会起作用。如果仅保存图层的"开
> /关"状态，然后在绘图时修改图层的"开/关"状态和颜色，当恢复图层状态时，仅"开/关"
> 状态可以被还原，而颜色仍为修改后的新颜色。如果要使图形与保存图层状态时完全一样（就
> 图层来说），可以勾选"关闭未在图层状态中找到的图层"复选框，这样，当恢复图层状态时，
> 在图层状态已保存之后新建的所有图层都会被关闭。

7.3.2 设置当前图层

当前图层是当前工作状态下所处的图层。设定某一个图层为当前图层之后，接下来所绘制的对象都位于该图层中。如果要在其他图层中绘图，就需要更改当前图层。

在 AutoCAD 中设置当前图层有以下几种方法。

- 对话框：在"图层特性管理器"选项板中选择目标图层，单击"置为当前"按钮，如图 7-39 所示。被置为当前的图层在项目前会出现✔图标。
- 功能区 1：在"默认"选项卡中，打开"图层"面板中"图层"下拉列表框，在其中选择需要的图层，即可将其设置为当前图层，如图 7-40 所示。
- 功能区 2：在"默认"选项卡中，单击"图层"面板中的"置为当前"按钮，即可将所选图形对象所在的图层置为当前，如图 7-41 所示。
- 命令行：输入"CLAYER"，然后输入图层名称，即可将该图层置为当前。

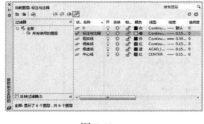

图 7-39 图 7-40 图 7-41

7.3.3 转换图形所在图层

在 AutoCAD 中还可以灵活地进行图层转换，即将某一个图层内的图形转换至另一个图层，同时使其颜色、线型、线宽等特性也发生改变。

如果某图形对象需要转换图层，可以先选择该图形对象，然后单击"图层"面板中的"图层"

下拉列表框，选择要转换的目标图层即可，如图 7-42 所示。

转换前　　　　　选择图层　　　　　转换后

图 7-42

绘制复杂的图形时，由于图形元素的性质不同，用户需要将某个图层上的对象转换到其他图层上，同时使其颜色、线型、线宽等特性发生改变。除了之前所介绍的方法外，其余在 AutoCAD 中转换图层的方法如下。

1. 通过"图层"下拉列表框转换图层

选择图形对象后，在"图层"下拉列表框中选择所需图层。操作结束后，下拉列表框自动被关闭，被选中的图形对象转移至刚选择的图层上。

2. 通过"图层"面板中的命令转换图层

在"图层"面板中，有如下命令可以帮助转换图层。

- 匹配图层：先选择要转换图层的对象，然后按 Enter 键确认，再选择目标图层对象，即可将该对象匹配至目标图层。
- 更改为当前图层：选择图形对象后单击该按钮，即可将对象图层转换为当前图层。

7.3.4 排序图层、按名称搜索图层

有时即便对图层进行了过滤，得到的图层结果还是很多，如果想要快速定位至所需的某个图层这时就需要用到图层排序与搜索功能。

1. 排序图层

在"图层特性管理器"选项板中可以对图层进行排序，以便查找图层。在"图形特性管理器"选项板中，单击列表框顶部的"名称"标题，图层将以字母的顺序排列出来，如果再次单击，排列的顺序将倒过来，如图 7-43 所示。

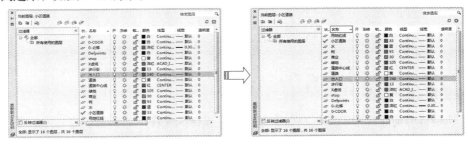

图 7-43

2. 按名称搜索图层

对于复杂且图层多的设计图纸而言，逐一查找某一个图层很浪费时间，此时可以通过输入图层名称的方式来快速地搜索图层，大大提高工作效率。

打开"图层特性管理器"选项板，在右上角"搜索图层"文本框中输入图层名称，系统自动搜索到该图层，如图 7-44 所示。

图 7-44

7.3.5 删除多余图层

在图层创建过程中，如果新建了多余的图层，此时可以在"图层特性管理器"选项板中单击"删除"按钮将其删除，但 AutoCAD 规定以下 4 类图层不能被删除。

- 图层 0 和图层 Defpoints。
- 当前图层。要删除当前图层，可以设置当前图层为其他图层。
- 包含对象的图层。要删除该图层，必须先删除该图层中所有的图形对象。
- 依赖外部参照的图层。要删除该图层，必须先删除外部参照。

如果图形中图层太多且不易管理，在找到不使用的图层并进行删除时，可能会被系统提示无法删除，如图 7-45 所示。不仅如此，局部打开图形中的图层也被视为已参照并且不能删除。图层 0 和图层 Defpoints 是系统自己建立的，所以无法删除，用户应该把图形绘制在别的图层。对于当前图层无法被删除的情况，用户可以更改当前图层后再进行删除操作。对于包含对象或依赖外部参照的图层进行删除操作比较困难的情况，用户可以使用"图层转换"或"图层合并"的方式进行删除，方法如下。

图 7-45

1. 转换图层进行删除

图层转换是将当前图形中的图层映射到指定图形或标准文件中的其他图层，然后使用这些属性对其进行转换。下面介绍其操作步骤。

（1）单击功能区"管理"选项卡的"CAD 标准"面板中的"图层转换器"按钮，系统弹出"图层转换器"对话框，如图 7-46 所示。

（2）单击对话框"转换为"选项组中的"新建"按钮，系统弹出"新图层"对话框，如图 7-47 所示。在"名称"文本框中输入现有的图层名称或新的图层名称，并设置线型、线宽、颜色等属性，单击"确定"按钮。

图 7-46   图 7-47

（3）单击"图层转换器"对话框中的"设置"按钮，弹出图 7-48 所示的"设置"对话框。在此对话框中可以设置转换后图层的属性状态和转换时的请求，设置完成后单击"确定"按钮。

（4）在"图层转换器"对话框的"转换自"列表中选择需要转换的图层名称，在"转换为"列表中选择需要转换到的图层。这时"映射"按钮被激活，单击此按钮，在"图层转换映射"列表中将显示图层转换映射列表，如图 7-49 所示。

（5）映射完成后单击"转换"按钮，系统弹出"图层转换器 - 未保存更改"对话框，如图 7-50 所示，选择"仅转换"选项即可。这时打开"图层特性管理器"选项板，会发现选择的"转换自"图层不见了，这是由于转换后图层被系统自动删除，如果选择的"转换自"图层是图层 0 和图层 Defpoints，则不会被删除。

图 7-48   图 7-49   图 7-50

2. 合并图层进行删除

可以通过合并图层来减少图形中的图层数。具体操作是将所合并图层上的对象移动到目标图层，并从图形中清理原始图层。以这种方法同样可以删除图层，下面介绍其操作步骤。

（1）在命令行中输入"LAYMRG"并按 Enter 键，命令行提示"选择要合并的图层上的对象或［命名 (N)］"。可以在绘图区框选图形对象，也可以输入"N"并按 Enter 键。输入"N"并按 Enter 键后弹出"合并图层"对话框，如图 7-51 所示。在"合并图层"对话框中选择要合并的图层，按"确定"按钮。

（2）如需继续选择合并对象，可以框选绘图区对象或输入"N"并按 Enter 键，选择完毕后按 Enter 键即可。然后命令行提示"选择目标图层上的对象或［名称 (N)］"，可以在绘图区框选图形对象，也可以输入"N"并按 Enter 键。输入"N"并按 Enter 键，系统弹出"合并图层"对话框，如图 7-52 所示。

（3）在"合并图层"对话框中选择要合并的图层，单击"确定"按钮。系统弹出"合并到图层"对话框，如图 7-53 所示。单击"是"按钮，这时打开"图层特性管理器"选项板，可以看到图层列表中的图层被删除了。

图 7-51　　　　　　　　　　图 7-52　　　　　　　　　　图 7-53

7.3.6　清理图层和线型

由于图层和线型都要保存在图形数据库中，所以它们会增加图形的大小。因此，清除图形中不再使用的图层和线型就非常有必要。当然，也可以删除多余的图层，但有时很难确定哪个图层中没有对象。而使用"清理"命令就可以删除不再使用的对象，包括图层和线型。

执行"清理"命令有以下几种方法。

- "应用程序"按钮：单击"应用程序"按钮，在下拉菜单中选择"图形实用工具"中的"清理"选项，如图 7-54 所示。
- 命令行：PURGE。

执行"清理"命令后都会打开图 7-55 所示的"清理"对话框。在对话框的顶部，可以选择查看能清理的对象或不能清理的对象。对于不能清理的对象，系统可以帮助用户分析对象不能被清理的原因。

选择"查看能清理的项目"单选项，每种对象类型前的"+"号表示它包含可清理的对象。要清理个别项目，只需选择该选项然后单击"清理"按钮，也可以单击"全部清理"按钮对所有项目进行清理。清理的过程中将会弹出图 7-56 所示的对话框，提示用户是否确定清理该项目。

图 7-54　　　　　　　　　　图 7-55　　　　　　　　　　图 7-56

7.4　课堂练习——调整线型比例

知识要点：有时设置好了非连续线型（如虚线、中心线等）的图层，但绘制时仍会显示出实线的效果。这通常是因为线型的"线型比例"值过大，修改数值即可显示出正确的线型效果，如图 7-57 所示。

素材文件： 第 7 章 \7.4 调整线型比例 .dwg。

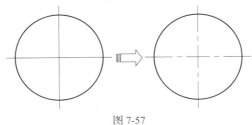

图 7-57

7.5 课后习题——特性匹配图层

知识要点： "特性匹配"功能如同 Office 软件中的格式刷一样，可以把一个图形对象（源对象）的特性完全赋予另外一个（或一组）图形对象（目标对象），使这些图形对象的部分或全部特性和源对象相同，如图 7-58 所示。

素材文件： 第 7 章 \7.5 特性匹配图层 .dwg。

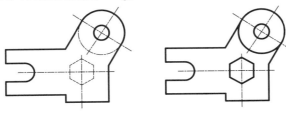

图 7-58

第8章

图块与外部参照

本章介绍

在实际制图中，常常需要用到同样的图形，如机械设计中的粗糙度符号，室内设计中的门、床、家具、电器等。如果每次都重新绘制，不但浪费了大量的时间，也降低了工作效率。因此，AutoCAD 2016 提供了图块的功能，用户可以将一些经常使用的图形对象定义为图块，当需要重新利用这些图形时，只需要按合适的比例将图块插入指定的位置即可。

课堂学习目标

- 掌握如何创建图块
- 了解图块的编辑方法
- 了解外部参照的使用方法

8.1 块

块是一个或多个对象组成的对象集合，常用于绘制复杂、重复的图形。在 AutoCAD 中，使用块可以提高绘图效率、节省存储空间，便于快速修改图形。

8.1.1 课堂案例——添加粗糙度图块

学习目标：新建图块，然后为其添加属性，接着将其移动到图形的其他地方并修改属性，得到最终的图形。

知识要点：在绘制工程图时，经常会遇到一些结构相同、但数值不同的标记图形，如机械图中的表面粗糙度符号、建筑与室内图中的标高符号等。这类图形就可以通过图块来进行创建，如图 8-1 所示。创建完成后即可随时调用，还可以随意修改上面的数值，非常方便。

素材文件：第 8 章 \8.1.1 添加粗糙度图块 .dwg。

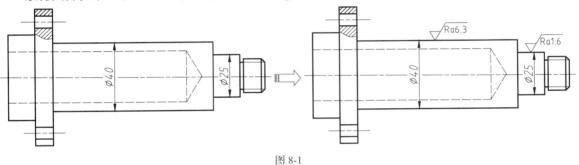

图 8-1

（1）打开素材文件，其中已经绘制好了一个零件图形，如图 8-2 所示。

（2）使用直线工具绘制一个粗糙度符号图形，如图 8-3 所示。

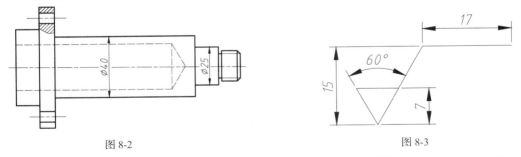

图 8-2

图 8-3

（3）在"默认"选项卡中单击"块"面板中的"定义属性"按钮，如图 8-4 所示，执行"定义属性"命令。

（4）系统自动打开"属性定义"对话框，在"标记"文本框中输入"粗糙度"，设置"文字高度"为"2"，如图 8-5 所示。

（5）系统返回绘图区后，定义的图块属性标记随十字光标出现，在适当位置拾取一个点即可放置"粗糙度"文字，如图 8-6 所示。

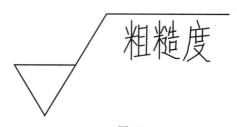

图 8-4　　　　　　　　　　　图 8-5　　　　　　　　　　　　　　图 8-6

（6）在"默认"选项卡中，单击"块"面板上的"创建"按钮，系统弹出"块定义"对话框。在"名称"下拉列表框中选择"粗糙度符号"选项。单击"拾取点"按钮，拾取三角形的下角点作为基点。单击"选择对象"按钮，选择整个符号图形和属性定义，如图 8-7 所示。

（7）单击"确定"按钮，系统弹出"编辑属性"对话框，更改粗糙度数值为 1.6，如图 8-8 所示。

（8）单击"确定"按钮，"粗糙度符号"图块创建完成，如图 8-9 所示。

图 8-7　　　　　　　　　　　图 8-8　　　　　　　　　　　　　图 8-9

（9）在命令行中输入"I"并按 Enter 键，执行"插入块"命令，系统弹出"插入"对话框，在"名称"下拉列表框中选择"粗糙度符号"选项，如图 8-10 所示。

（10）单击"确定"按钮，根据命令行提示拾取插入点，系统弹出"编辑属性"对话框，如图 8-11 所示。

（11）单击"确定"按钮，在 Ø40 上侧的轮廓线上单击，即可插入粗糙度符号，如图 8-12 所示。

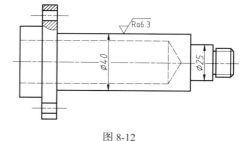

图 8-10　　　　　　　　　　图 8-11　　　　　　　　　　　图 8-12

（12）重复执行"插入块"命令，再次插入"粗糙度符号"图块，在"编辑属性"对话框中定义粗糙度数值为 1.6，如图 8-13 所示。

（13）在 Ø25 上侧的轮廓线上放置粗糙度为 1.6 的粗糙度符号，如图 8-14 所示。

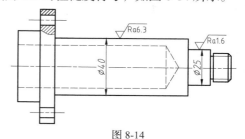

图 8-13　　　　　　　　　　　　　　　图 8-14

8.1.2 内部图块

内部图块是存储在图形文件内部的块，只能在存储文件中使用，不能在其他图形文件中使用。创建块有以下几种方法。

- 菜单栏：执行"绘图"｜"块"｜"创建"命令。
- 命令行：BLOCK 或 B。
- 功能区：在"默认"选项卡中，单击"块"面板中的"创建块"按钮  。

执行"创建"命令后，系统弹出"块定义"对话框，如图 8-15 所示。在对话框中设置好块名称、块对象、块基点这 3 个主要要素即可创建图块。

图 8-15

"块定义"对话框中常用选项的功能介绍如下。

- 名称：用于输入或选择块的名称。
- 拾取点：单击该按钮，系统切换到绘图区中拾取基点。
- 选择对象：单击该按钮，系统切换到绘图区中拾取创建块的对象。
- 保留：创建块后保留源对象不变。
- 转换为块：创建块后将源对象转换为块。
- 删除：创建块后删除源对象。
- 允许分解：勾选该复选框，允许块被分解。

只有有源图形对象，才能使用 AutoCAD 创建图块。可以定义一个或多个图形对象为图块。

8.1.3 外部图块

内部图块仅限于在创建图块的图形文件中使用，当其他文件中也需要使用时，则需要创建外部图块，也就是永久图块。外部图块不依赖于当前图形，可以在任意图形文件中调用。使用"写块"命令可以创建外部图块。

"写块"命令目前只能通过在命令行中输入"WBLOCK"或"W"来执行。执行"写块"命令后，系统弹出"写块"对话框，如图 8-16 所示。

图 8-16

"写块"对话框中常用选项的功能介绍如下。

- 块：将已定义好的块保存，可以在下拉列表框中选择已有的内部块，如果当前文件中没有定义的块，则该单选项不可用。
- 整个图形：将当前工作区中的全部图形保存为外部图块。

- 对象：选择图形对象定义为外部图块。该项为默认选项，一般情况下选择此项即可。
- 拾取点：单击该按钮，系统切换到绘图区中拾取基点。
- 选择对象：单击该按钮，系统切换到绘图区中拾取创建块的对象。
- 保留：创建块后保留源对象不变。
- 从图形中删除：将选择的对象另存为文件后，从当前图形中删除它们。
- 目标：用于设置块的保存路径和块名。单击该选项组中"文件名和路径"文本框右边的 按钮，可以在打开的对话框中选择保存路径。

8.1.4　图块属性

图块包含的信息可以分为两类：图形信息和非图形信息。图块属性是图块的非图形信息，例如，办公室工程中办公桌图块拥有的每个办公桌的编号、使用者等属性。图块属性必须和图块结合在一起使用，在图纸上显示为块实例的标签或说明，单独的属性是没有意义的。

1. 创建块属性

在 AutoCAD 中添加图块属性的操作主要分为 3 步。

（1）定义图块属性。

（2）在定义图块时附加图块属性。

（3）在插入图块时输入属性值。

定义块属性必须在定义图块之前进行。定义图块属性的命令执行方式有以下几种。

- 功能区：单击"插入"选项卡的"块定义"面板中的"定义属性"按钮，如图 8-17 所示。
- 菜单栏：执行"绘图"|"块"|"定义属性"命令，如图 8-18 所示。
- 命令行：ATTDEF 或 ATT。

执行"定义属性"命令后，系统弹出"属性定义"对话框，如图 8-19 所示。然后分别填写"标记""提示""默认"值，再设置好文字样式与对正等属性，单击"确定"按钮，即可创建图块属性。

"属性定义"对话框中常用选项的含义如下。

- 属性：用于设置属性数据，包括"标记""提示""默认"3 个文本框。
- 插入点：该选项组用于指定图块属性的位置。
- 文字设置：该选项组用于设置属性文字的对正、样式、高度和旋转。

图 8-17

图 8-18

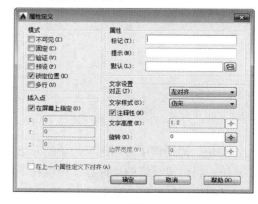

图 8-19

2. 修改属性定义

直接双击图块属性，系统弹出"增强属性编辑器"对话框。在"属性"选项卡的列表中选择要修改的文字属性，然后在下面的"值"文本框中输入图块中定义的标记和值属性，如图 8-20 所示。

"增强属性编辑器"对话框中，各选项卡的含义如下。

- 属性：显示了块中每个属性的标记、提示和值。在列表框中选择某一个属性后，"值"文本框中将显示出该属性对应的属性值，可以通过它来修改属性值。
- 文字选项：用于修改属性的文字格式，该选项卡如图 8-21 所示。
- 特性：用于修改图层以及其线宽、线型、颜色和打印样式等属性，该选项卡如图 8-22 所示。

图 8-20 图 8-21 图 8-22

8.1.5 动态图块

"动态图块"就是将一系列内容相同或相近的图形创建为图块，并设置该图块具有参数化的动态特性，在操作时通过自定义夹点或自定义特性来操作动态图块。该类图块相对于常规图块来说具有极大的灵活性和智能性，在提高绘图效率的同时可以减小图块库中的块数量。

1. 块编辑器

"块编辑器"是专门用于创建图块定义并添加动态行为的编写工具。在 AutoCAD 2016 中执行"块编辑器"有以下几种方法。

- 功能区：单击"插入"选项卡中"块"面板中的"块编辑器"按钮，如图 8-23 所示。
- 菜单栏：执行"工具"|"块编辑器"命令，如图 8-24 所示。
- 命令行：BEDIT 或 BE。

图 8-23 图 8-24

执行"块编辑器"命令后，系统弹出"编辑块定义"对话框，如图 8-25 所示。

该对话框提供了多种编辑并创建动态图块的块定义，选择一种块类型，可在右侧预览图块效果。单击"确定"按钮，系统进入默认的灰色背景的绘图区，一般称该区域为"块编辑窗口"，如图 8-26 所示。

图 8-25

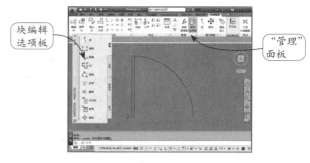

图 8-26

其左侧自动弹出"块编辑选项板"，包含参数、动作、参数集和约束 4 个选项卡，可创建动态图块的所有特征。在其上方显示"块编辑器"选项卡，该选项卡是创建动态块并设置可见性的专门工具，其中各主要选项的功能如表 8-1 所示。

表 8-1　各主要选项的功能

图标	名　称	功　能
🖱	编辑或创建块定义	单击该按钮，系统弹出"编辑块定义"对话框，用户可重新选择需要创建的动态块
🖫	保存块定义	单击该按钮，保存当前块定义
🖫	将块另存为	单击此按钮，系统弹出"将块另存为"对话框，用户可以重新输入块名称后保存此块
🖫	测试块	测试此块能否被加载到图形中
🖫	自动约束对象	对选择的块对象进行自动约束
⬍	重合	对块对象进行重合约束
🖫	显示所有几何约束	显示约束符号
🖫	隐藏所有几何约束	隐藏约束符号
▦	块表	单击该按钮，系统弹出"块特性表"对话框，通过此对话框对参数约束进行函数设置
🖊	点	单击该按钮，向动态块定义中添加点参数
✥	移动	单击该按钮，向动态块定义中添加移动动作
🏷	属性	单击此按钮，系统弹出"属性定义"对话框，可定义模式、属性标记、提示、值等的文字选项
🖺	编写选项板	显示或隐藏编写选项板
fx	参数管理器	打开或者关闭"参数管理器"选项板

在该绘图区，UCS 命令是被禁用的，绘图区会显示一个 UCS 图标，该图标的原点定义了块的基点。用户可以通过相对 UCS 图标原点移动几何体图形或者添加基点参数来更改块的基点。在完成参数的基础上添加相关动作，通过"保存块定义"工具保存块定义，然后可以关闭编辑器并在图形中测试块。

如果在块编辑窗口中执行"文件"｜"保存"命令，则保存的是图形而不是块定义。因此当处于块编辑窗口时，必须专门对块定义进行保存。

2.块编写选项板

该选项板中一共有 4 个选项卡，分别为"参数""动作""参数集""约束"。

- 参数：用于向块编辑器中的动态块添加参数，如图 8-27 所示。
- 动作：用于向块编辑器中的动态块添加动作，如图 8-28 所示。
- 参数集：用于在块编辑器中向动态块定义中添加有一个参数和至少一个动作的工具时，创建动态块的一种快捷方式，如图 8-29 所示。
- 约束：用于在块编辑器中对动态块进行几何或参数约束，如图 8-30 所示。

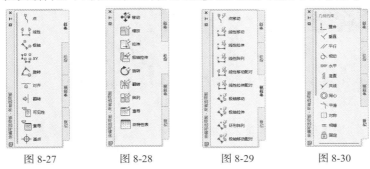

图 8-27   图 8-28   图 8-29   图 8-30

8.1.6　课堂案例——创建门的动态图块

学习目标：新建图块，然后为其添加属性，接着将其移动到图形的其他地方并修改属性，得到最终的图形。

知识要点：在 AutoCAD 2016 中，可以为普通图块添加动作，将其转换为动态图块。动态图块可以直接通过移动动态夹点来调整图块大小、角度，避免了频繁的参数输入或命令调用（如缩放、旋转、镜像等），使图块的操作变得更加轻松，如图 8-31 所示。

素材文件：第 8 章 \8.1.6 创建门的动态图块 .dwg。

（1）打开素材文件，图形中已经创建了一个门的普通块，如图 8-32 所示。

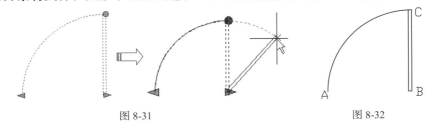

图 8-31   图 8-32

（2）在命令行中输入"BE"并按 Enter 键，系统弹出"编辑块定义"对话框，选择"门"图块，如图 8-33 所示。

（3）单击"确定"按钮，进入块编辑模式，系统弹出"块编辑器"选项卡，同时弹出"块编写选项板"选项板，如图 8-34 所示。

（4）为块添加线性参数。选择"块编写选项板"选项板上的"参数"选项卡，单击"线性"按钮，为门的宽度添加一个线性参数，如图 8-35 所示，命令行操作如下。

```
命令：_BParameter 线性
指定起点或 [ 名称 (N)/ 标签 (L)/ 链 (C)/ 说明 (D)/ 基点 (B)/ 选项板 (P)/ 值集 (V)]:
                    // 选择圆弧端点 A
```

指定端点： // 选择矩形端点 B

指定标签位置： // 向下拖动十字光标，在合适位置放置线性参数标签

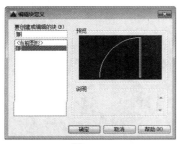
图 8-33

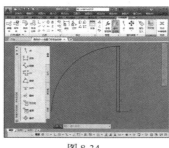
图 8-34

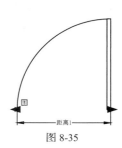
图 8-35

（5）为线性参数添加动作。切换到"块编写选项板"选项板上的"动作"选项卡，单击"缩放"按钮，为线性参数添加缩放动作，如图 8-36 所示，命令行操作如下。

命令：_BActionTool 缩放

选择参数： // 选择上一步添加的线性参数

指定动作的选择集

选择对象：找到 1 个

选择对象：找到 1 个，总计 2 个 // 依次选择门图形包含的全部轮廓线，包括一条圆弧和一个矩形

选择对象： // 按 Enter 键结束选择，完成动作的创建

（6）为块添加旋转参数。切换到"块编写选项板"选项板上的"参数"选项卡，单击"旋转"按钮，添加一个旋转参数，如图 8-37 所示，命令行操作如下。

命令：_BParameter 旋转

指定基点或 [名称 (N)/ 标签 (L)/ 链 (C)/ 说明 (D)/ 选项板 (P)/ 值集 (V)]：

// 选择矩形角点 B 作为旋转基点

指定参数半径： // 选择矩形角点 C，指定参数半径值

指定默认旋转角度或 [基准角度 (B)]<0>：90↙ // 设置默认旋转角度为 90°

指定标签位置： // 拖动参数标签位置，在合适位置单击以放置标签

（7）为旋转参数添加动作。切换到"块编写选项板"选项板中的"动作"选项卡，单击"旋转"按钮，为旋转参数添加旋转动作，如图 8-38 所示，命令行操作如下。

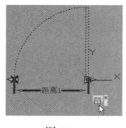
图 8-36

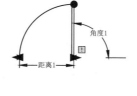
图 8-37

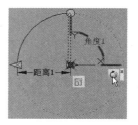
图 8-38

命令：_BActionTool 旋转

```
选择参数：                    // 选择创建的角度参数
指定动作的选择集
选择对象：找到 1 个           // 选择矩形作为动作对象
选择对象：                    // 按 Enter 键结束选择，完成动作的创建
```

（8）在"块编辑器"选项卡中，单击"打开 / 保存"面板上的"保存块"按钮 ，保存对块的编辑。单击"关闭块编辑器"按钮 ，关闭"块编辑器"选项卡，返回绘图区。此时单击创建的动态块，该块上出现 3 个夹点，如图 8-39 所示。

（9）拖动三角形夹点可以修改门的大小，如图 8-40 所示；拖动圆形夹点可以修改门的打开角度，如图 8-41 所示。门符号动态块创建完成。

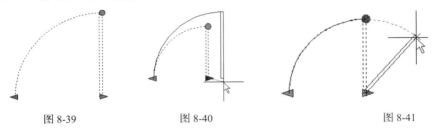

图 8-39   图 8-40   图 8-41

8.1.7　插入块

块定义完成后，就可以插入与块定义关联的块实例了。执行"插入块"命令有以下几种方法。

• 功能区：单击"插入"选项卡中"注释"面板中的"插入"按钮 ，如图 8-42 所示。
• 菜单栏：执行"插入"｜"块"命令，如图 8-43 所示。
• 命令行：INSERT 或 I。

执行"块"命令后，系统弹出"插入"对话框，如图 8-44 所示。在其中选择要插入的图块再返回绘图区指定基点即可。该对话框中常用选项的含义如下。

• 名称：用于选择块或图形名称。可以单击其后的"浏览"按钮，系统弹出"选择图形文件"对话框，选择保存的块和外部图形。
• 插入点：用于设置块的插入点位置。
• 比例：用于设置块的插入比例。
• 旋转：用于设置块的旋转角度。可直接在"角度"文本框中输入角度值，也可以勾选"在屏幕上指定"复选框，在屏幕上指定旋转角度。
• 分解：可以将插入的块分解成块的各基本对象。

图 8-42   图 8-43   图 8-44

8.2 编辑块

图块在创建完成后还可随时对其进行编辑，如重命名图块、分解图块、删除图块和重定义图块等。

8.2.1 课堂案例——重定义图块外形

学习目标： 分解图块，然后修改图块外形或属性，接着再重新创建为块即可重定义图块。

知识要点： 除了图块的属性值可以重新定义外，还可以对图块的外形进行重定义。只要对一个图块进行修改，文件中所有相同图块都会被修改，如图 8-45 所示，这在修改具有大量图块的图形文件时非常方便。

素材文件： 第 8 章 \8.2.1 重定义图块外形 .dwg。

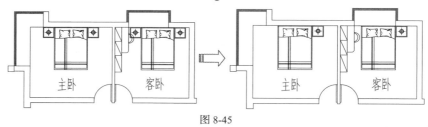

图 8-45

（1）打开素材文件，在主卧和客卧中分别添置了相同的床图块，但客卧中的床头灯与其他家具有重叠，如图 8-46 所示。

（2）单击"修改"面板中的"分解"按钮，选择主卧室内的床图块，将其分解，拾取某些线段即可看出图形被分解，如图 8-47 所示。

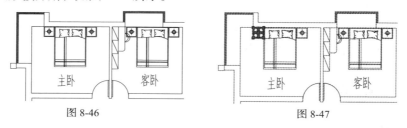

图 8-46   图 8-47

（3）单击"修改"面板中的"删除"按钮，配合夹点进行编辑，将床左侧的床头灯删除，如图 8-48 所示。

（4）在"默认"选项卡下的"块"面板中单击"创建"按钮，执行"创建块"命令，系统打开"块定义"对话框。

（5）在对话框的"名称"文本框中输入图块名称"床"（与原图块名相同），然后重新选择主卧室中的床图形，指定新的基点，将其创建为新的"床"图块，如图 8-49 所示。

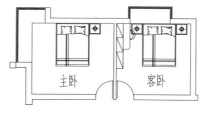

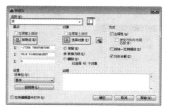

图 8-48   图 8-49

（6）单击"确定"按钮，系统弹出"块-重新定义块"对话框，提示原图块被重定义，单击"重新定义块"选项，如图 8-50 所示。

（7）返回绘图区可见客卧中的床图块外形自动得到更新，删除左侧床头灯后的效果如图 8-51 所示。

图 8-50

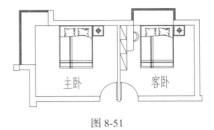

图 8-51

8.2.2　设置插入基点

在创建图块时，可以为图块设置插入基点，这样在插入时就可以直接捕捉基点插入。但是如果创建的图块事先没有指定插入基点，插入时系统默认的插入点为坐标原点，这样往往会给绘图带来不便，此时可以使用"基点"命令为图形文件指定新的插入原点。

执行"基点"命令有以下几种方法。

- 菜单栏：执行"绘图"｜"块"｜"基点"命令。
- 命令行：BASE。
- 功能区：在"默认"选项卡中，单击"块"面板中的"设置基点"按钮 。

执行"基点"命令后，可以根据命令行提示输入基点坐标或直接在绘图区中指定基点。

8.2.3　重命名图块

创建图块后，对其进行重命名的方法有多种。如果是外部图块文件，可直接在保存目录中对该图块文件进行重命名；如果是内部图块，可使用"重命名"命令来更改图块的名称。

执行"重命名"命令有以下几种方法。

- 命令行：RENAME 或 REN。
- 菜单栏：执行"格式"｜"重命名"命令。

8.2.4　分解图块

由于插入的图块是一个整体，在需要对图块进行编辑时，必须先将其分解。执行"分解图块"命令有以下几种方法。

- 菜单栏：执行"修改"｜"分解"命令。
- 工具栏：单击"修改"工具栏中的"分解"按钮 。
- 命令行：EXPLODE 或 X。
- 功能区：在"默认"选项卡中，单击"修改"面板中的"分解"按钮 。

分解图块的操作非常简单，执行"分解"命令后，选择要分解的图块，再按 Enter 键即可。图块被分解后，它的各个组成元素将变为单独的对象，之后便可以单独对各个组成元素进行编辑。

8.2.5 删除图块

如果图块是外部图块，可直接删除；如果图块是内部图块，可使用以下几种方法删除。

- "应用程序"按钮：单击"应用程序"按钮▲，在下拉菜单中选择"图形实用工具"中的"清理"选项。
- 命令行：PURGE 或 PU。

执行"清理"命令后，系统弹出"清理"对话框，如图 8-52 所示。在其中选择"查看能清理的项目"单选项，然后在"图形中未使用的项目"列表框中双击"块"选项，便会显示当前图形文件中的所有内部图项，如图 8-53 所示。选择要删除的图块，然后单击"清理"按钮，即可删除所选图块。

图 8-52　　　　　　　　图 8-53

8.2.6 重定义图块

通过对图块的重定义，可以更新所有与之关联的图块实例，实现自动修改，其方法与定义图块的方法基本相同。具体操作步骤如下。

（1）使用分解命令将当前图形中需要重新定义的图块分解为由单个元素组成的对象。

（2）对分解后的图块组成元素进行编辑。完成编辑后，再重新执行"块定义"命令，在打开的"块定义"对话框的"名称"下拉列表框中选择源图块的名称。

（3）选择编辑后的图形，并为图块指定插入基点及单位，单击"确定"按钮，在打开的图 8-54 所示的询问对话框中单击"重定义"按钮，完成图块的重定义。

图 8-54

8.3 外部参照

AutoCAD 将外部参照作为一种图块类型定义，它也可以提高绘图效率。但外部参照与图块有一些重要的区别：将图形作为图块插入时，它存储在图形中，不随原始图形的改变而更新；将图形作为外部参照时，会将该参照图形链接到当前图形，对参照图形所做的任何修改都会显示在当前图形中。一个图形可以作为外部参照同时附着到多个图形中，同样也可以将多个图形作为外部参照附着到单个图形中。

8.3.1 课堂案例——附着外部参照

学习目标：打开现有图形，然后执行"参照"命令，将有关联的图形作为参照打开。

知识要点：如果要参考某一现成的 DWG 图纸来进行绘制，有些设计师会选择打开该 DWG 文件，然后按快捷键 Ctrl+C、Ctrl+V 直接将图形复制粘贴到新创建的图纸上。这种方法方便、快捷，但缺陷就是新建的图纸与原来的 DWG 文件没有关联性，如果参考的 DWG 文件有所更改，那么新建的图纸不会随之改变。而如果采用外部参照的方式插入参考用的 DWG 文件，则可以实时更新新建的图纸，如图 8-55 所示。

素材文件：第 8 章 \8.3.1 附着外部参照 .dwg。

（1）单击快速访问工具栏中的"打开"按钮，打开素材文件，如图 8-56 所示。

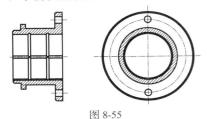

图 8-55

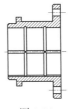

图 8-56

（2）在"插入"选项卡中，单击"参照"面板中的"附着"按钮🗔，系统弹出"选择参照文件"对话框。在"文件类型"下拉列表框中选择"图形（*.dwg）"选项，并找到"参照素材 .dwg"文件，如图 8-57 所示。

（3）单击"打开"按钮，系统弹出"附着外部参照"对话框，所有选项保持默认设置，如图 8-58 所示。

图 8-57

图 8-58

（4）单击"确定"按钮，在绘图区指定端点，并调整其位置，即可附着外部参照，如图 8-59 所示。

（5）插入的参照图形为该零件的右视图，此时就可以结合现有图形与参照图绘制零件的其他视图，或者进行标注。

（6）按快捷键 Ctrl+S 进行保存，然后退出该文件，接着打开同文件夹内的"参照素材 .dwg"文件，并删除其中的 4 个小孔，如图 8-60 所示，再按快捷键 Ctrl+S 进行保存，然后退出。

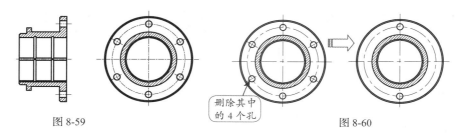

图 8-59   删除其中的 4 个孔   图 8-60

（7）此时再重新打开"8.3.1 附着外部参照 .dwg"文件，则会出现图 8-61 所示的提示，单击"重载参照素材"链接，图形如图 8-62 所示。这样参照的图形得到实时更新，保证了设计的准确性。

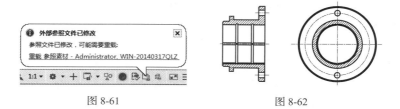

图 8-61   图 8-62

8.3.2　了解外部参照

外部参照通常称为"XREF"，用户可以将整个图形作为参照图形附着到当前图形中，而不是将它插入当前图形中。这样可以通过在图形中参照其他用户的图形来协调用户之间的工作，查看当前图形是否与其他图形相匹配。

当前图形记录着外部参照的位置和名称，以便能很容易地参考，但它并不是当前图形的一部分。和图块一样，用户同样可以捕捉外部参照中的对象，使它作为图形处理的参考。此外，还可以改变外部参照图层的可见性设置。

使用外部参照要注意以下几点。

- 确保显示参照图形的最新版本。打开图形时，将自动重载每个参照图形，从而反映参照图形文件的最新状态。
- 请勿在图形中使用参照图形中已存在的图层名、标注样式、文字样式和其他命名元素。
- 当工程完成并准备归档时，需要将附着的参照图形和当前图形永久合并（绑定）到一起。

8.3.3　附着外部参照

用户可以将其他文件的图形作为参照图形附着到当前图形中，这样可以通过在图形中参照其他用户的图形来协调各用户之间的工作，查看当前图形是否与其他图形相匹配。

下面介绍 4 种附着外部参照的方法。

- 菜单栏：执行"插入"|"DWG 参照"命令。
- 工具栏：单击"插入"工具栏中的"附着"按钮 。
- 命令行：XATTACH 或 XA。
- 功能区：在"插入"选项卡中，单击"参照"面板中的"附着"按钮 。

执行上述命令后，选择一个 DWG 文件打开，弹出"附着外部参照"对话框，如图 8-63 所示。

图 8-63

"附着外部参照"对话框中各选项介绍如下。

- 参照类型：选择"附着型"单选项表示会显示嵌套参照中的嵌套内容；选择"覆盖型"单选项表示不显示嵌套参照中的嵌套内容。
- 路径类型：使用"完整路径"选项附着外部参照时，外部参照的精确位置将保存到主图形中，此选项的精确度最高，但灵活性最小，如果移动工程文件，AutoCAD 将无法融入任何使用完整路径附着的外部参照；使用"相对路径"选项附着外部参照时，将保存外部参照相对于主图形的位置，此选项的灵活性最大，如果移动工程文件夹，并且此外部参照相对主图形的位置未发生变化，AutoCAD 仍可以融入使用相对路径附着的外部参照；使用"无路径"选项附着外部参照时，AutoCAD 首先在主图形中的文件夹中查找外部参照，当外部参照文件与主图形位于同一个文件夹中时，此选项非常有用。

8.3.4 拆离外部参照

要从图形中完全删除外部参照，需要执行"拆离"命令而不是"删除"命令。删除外部参照不会删除与其关联的图层定义，只有执行"拆离"命令，才能删除外部参照和所有关联信息。拆离外部参照的步骤如下。

（1）打开"外部参照"选项板。

（2）在选项板中选择需要删除的外部参照，并在参照上右击。

（3）在弹出的快捷菜单中选择"拆离"选项，即可拆离选定的外部参照，如图 8-64 所示。

图 8-64

8.3.5 管理外部参照

在 AutoCAD 中，可以在"外部参照"选项板中对外部参照进行编辑和管理。执行"外部参照"

命令有以下几种方法。

- 命令行：XREF 或 XR。
- 功能区：在"插入"选项卡中，单击"参照"面板右下角箭头按钮 。
- 菜单栏：执行"插入"|"外部参照"命令。

"外部参照"选项板中各选项功能如下。

- 按钮区域：此区域有"附着""刷新""帮助"3个按钮。"附着"按钮可以用于添加不同格式的外部参照文件；"刷新"按钮用于刷新当前选项卡显示；"帮助"按钮可以打开系统的帮助页面，方便用户快速了解相关的知识。
- 文件参照：此列表框中显示了当前图形中各个外部参照文件的名称，单击其右上方的"列表图"或"树状图"按钮，可以设置文件列表框的显示形式。"列表图"表示以列表形式显示，如图 8-65 所示；"树状图"表示以树形显示，如图 8-66 所示。
- 详细信息：用于显示外部参照文件的各种信息。选择任意一个外部参照文件后，将在此处显示该外部参照文件的名称、加载状态、文件大小、参照类型、参照日期和参照文件的存储路径等内容，如图 8-67 所示。

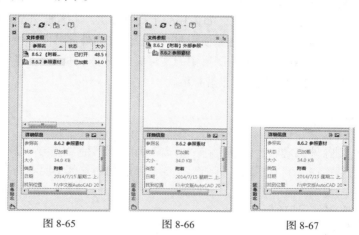

| 图 8-65 | 图 8-66 | 图 8-67 |

当附着多个外部参照后，在文件参照列表框中的文件上右击，将弹出快捷菜单，在菜单中选择不同的选项可以对外部参照进行相关操作。快捷菜单中各命令的含义如下。

- 打开：选择该选项可在新建窗口中打开选定的外部参照进行编辑。在"外部参照管理器"对话框关闭后，显示新建窗口。
- 附着：选择该选项可打开"选择参照文件"对话框，在该对话框中可以选择需要插入当前图形中的外部参照文件。
- 卸载：选择该选项可从当前图形中移走不需要的外部参照文件，但移走后仍保留该文件的路径，当希望再次参照该图形时，选择"重载"选项即可。
- 重载：选择该选项可在不退出当前图形的情况下，更新外部参照文件。
- 拆离：选择该选项可从当前图形中移去不再需要的外部参照文件。

8.3.6 剪裁外部参照

剪裁外部参照可以去除多余的参照部分，而无须更改原参照图形，"剪裁"外部参照有以下几种方法。

- 菜单栏：执行 "修改" | "剪裁" | "外部参照" 命令。
- 命令行：CLIP。
- 功能区：在 "插入" 选项卡中，单击 "参照" 面板中的 "剪裁" 按钮 🗂。

8.4 课堂练习——将图形引入外部参照

知识要点：除了通过 "写块" 命令将创建好的图块单独保存外，还可以将图块引入外部参照，添加到工具选项板里。工具选项板能够将 "块" 图形、几何图形（如直线、圆、多段线）、填充、外部参照、光栅图像及命令都组织到工具选项板里面，将它们创建成工具，以便将这些工具应用于当前正在设计的图纸。事先将绘制好的动态图块导入工具选项板，准备好需要的零件图块或零件图块库，待使用时调用，可以大大提高绘图效率，如图 8-68 所示。

素材文件：第 8 章 \8.4 将图形引入外部参照 .dwg。

图 8-68

8.5 课后习题——创建标高属性块

知识要点：标高符号是建筑和室内设计图中常用的符号，用于标注建筑的层高。标高符号同样适用于创建属性块，如图 8-69 所示。

素材文件：第 8 章 \8.5 创建标高属性块 .dwg。

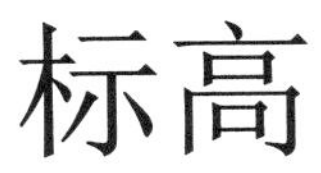

标高

图 8-69

第9章

图形的打印

本章介绍

当完成所有的设计和制图工作之后，就需要将图形文件通过绘图仪或打印机输出为图样。本章主要讲述 AutoCAD 2016 出图过程中涉及的一些问题，包括模型空间与布局空间的转换、打印样式、打印比例设置等。

- -

课堂学习目标

- 了解 AutoCAD 2016 模型空间和布局空间的区别
- 了解并掌握 AutoCAD 2016 中打印图纸的步骤

9.1 模型空间与布局空间

模型空间和布局空间是 AutoCAD 2016 的两个功能不同的工作空间，单击绘图区下面的标签页，可以在模型空间和布局空间之间切换。一个新创建的文件中只有一个模型空间和两个默认的布局空间，用户也可创建更多的布局空间。

9.1.1 课堂案例——新建布局空间

学习目标：通过使用向导新建符合绘图要求的布局空间，然后选择该空间进行绘图。

知识要点：通过使用向导创建布局可以选择打印机 / 绘图仪、设置图纸尺寸、插入标题栏等，还能够自定义视口，使模型在视口中显示完整。这些设置能够被创建为模板文件（.dwt），方便调用。

素材文件：第 9 章 \9.1.1 新建布局空间 .dwg。

（1）新建空白文档，执行"创建布局"命令后，系统弹出"创建布局 - 开始"对话框，在"输入新布局的名称"文本框中输入名称，如图 9-1 所示。

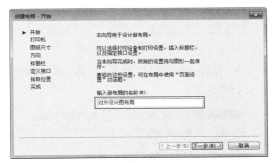

图 9-1

（2）单击对话框中的"下一步"按钮，系统跳转到"创建布局 - 打印机"对话框，在绘图仪列表中选择"DWG TO PDF .pc3"选项，如图 9-2 所示。

图 9-2

（3）单击对话框中的"下一步"按钮，系统跳转到"创建布局 - 图纸尺寸"对话框，在图纸尺寸下拉列表框中，选择"ISO full bleed A4（297.00×210.00 毫米）"选项，并设置图形单位为"毫米"，如图 9-3 所示。

图 9-3

（4）单击对话框中的"下一步"按钮，系统跳转到"创建布局 - 方向"对话框，设置图形方向为"横向"，如图 9-4 所示。

图 9-4

（5）单击对话框中的"下一步"按钮，系统跳转到"创建布局 - 标题栏"对话框，选择"Architectural Title Block .dwg"选项，如图 9-5 所示。

图 9-5

（6）单击对话框中的"下一步"按钮，系统跳转到"创建布局 - 定义视口"对话框，在"视口设置"选项组中设置视口为"标准三维工程视图"，如图 9-6 所示。

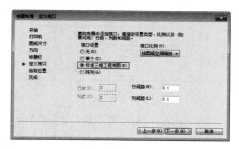

图 9-6

（7）单击对话框中的"下一步"按钮，系统跳转到"创建布局 - 拾取位置"对话框，如图 9-7 所示。

单击"选择位置"按钮，可以在绘图区中框选矩形作为视口，如果不指定位置直接单击"下一步"按钮，系统会默认以"布满"的方式进行配置。

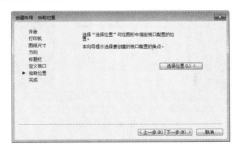

图 9-7

（8）单击对话框中的"下一步"按钮，系统跳转到"创建布局 - 完成"对话框，再单击对话框中的"完成"按钮，即可完成整个布局的创建。

9.1.2　模型空间

当打开或新建一个图形文件时，系统将默认进入模型空间，如图 9-8 所示。模型空间是一个无限大的绘图区，可以在其中创建二维或三维图形，以及进行必要的尺寸标注和文字说明。

模型空间对应的窗口称为"模型窗口"。在模型窗口中，十字光标在整个绘图区都处于激活状态，并且可以创建多个不重复的平铺视口，以展示图形，如在绘制机械三维图形时，可以创建多个视口，以便从不同的角度观测图形。在一个视口中对图形做出修改后，其他视口也会随之更新，如图 9-9 所示。

图 9-8

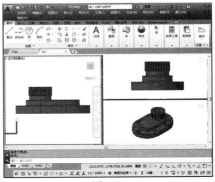

图 9-9

9.1.3　布局空间

布局空间又称为"图纸空间"，主要用于出图。模型建立后，需要将模型打印到纸面上形成图样。使用布局空间可以方便地设置打印设备、纸张、比例尺、图样布局，并预览实际出图的效果，如图 9-10 所示。

布局空间对应的窗口是布局窗口，可以在同一个文档中创建多个不同的布局图。单击工作区左下角的各个布局选项卡，可以从模型窗口切换到各个布局窗口。当需要将多个视图放在同一张图样上输出时，使用布局图就可以很方便地控制图形的位置，输出比例等参数。

图 9-10

9.1.4 布局的创建和管理

右击绘图区左下角的"模型"或"布局"选项卡，在弹出的快捷菜单中选择相应的选项，可以对布局进行删除、新建、重命名、移动、复制、页面设置等操作，如图 9-11 所示。

图 9-11

1. 空间的切换

在模型中绘制完图样后，若需要进行布局打印，可单击绘图区左下角的"布局 1"和"布局 2"选项卡，对图样打印输出的布局效果进行设置，如图 9-12 所示。设置完毕后，单击"模型"选项卡即可返回模型空间。

图 9-12

2. 创建新布局

布局是一种图纸空间环境，它模拟显示图纸页面，提供直观的打印效果，主要用来控制图形的输出。布局中所显示的图形与图纸页面上打印出来的图形完全一样。

执行"创建布局"命令有以下几种方法。

• 菜单栏：执行"工具"|"向导"|"创建布局"命令，如图 9-13 所示。
• 命令行：LAYOUT。
• 功能区：在"布局"选项卡中，单击"布局"面板中的"新建"按钮 ，如图 9-14 所示。
• 快捷方式：右击绘图区左下角的"模型"或"布局"选项卡，在弹出的快捷菜单中，选择"新建布局"选项。

图 9-13   图 9-14

创建布局的操作过程与新建文件相差无几，同样也可以通过功能区中的选项卡来完成。

3. 插入样板布局

AutoCAD 2016 提供了多种样板布局供用户使用。插入样板布局的方法有以下几种。

- 菜单栏：执行"插入" | "布局" | "来自样板的布局"命令，如图 9-15 所示。
- 功能区：在"布局"选项卡中，单击"布局"面板中的"从样板"按钮 ，如图 9-16 所示。
- 快捷方式：右击绘图区左下角的布局选项卡，在弹出的快捷菜单中选择"从样板"选项。

执行上述命令后，系统将弹出"从文件选择样板"对话框，可以在其中选择需要的样板创建布局。

图 9-15   图 9-16

4. 布局的组成

布局图中通常存在 3 个边界，如图 9-17 所示。最外层的是纸张边界，是由"纸张设置"中的纸张类型和打印方向确定的；中间虚线线框是打印边界，其作用就好像 Word 文档中的页边距一样，只有位于打印边界内部的图形才会被打印出来；最内层的实线线框是视口边界，边界内部的图形就是模型空间中的模型，视口边界的大小和位置是可调的。

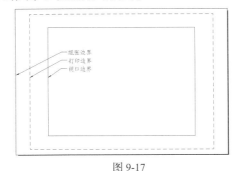

图 9-17

9.2 打印出图

打印出图之前还需进行页面设置，这是出图准备过程中的最后一个步骤。在对打印的图形进行布局之前，先要对布局的页面进行设置，确定图的纸张大小等参数。

9.2.1 课堂案例——打印为 PDF 文件

学习目标：调整打印界面，选定打印区域，然后选择 PDF 虚拟打印机进行打印，即可得到 PDF 文件，如图 9-18 所示。

知识要点：对于用户来说，掌握 PDF 文件的输出尤为重要。因为有些客户并非设计专业，在他们的计算机中不会装有 AutoCAD 或者其他看图软件，这时就可以将 DWG 文件输出为 PDF 文件。PDF 文件的普及度很高，使用打印方式创建的 PDF 文件能高清还原 AutoCAD 图纸信息，还能添加批注，非常方便。

素材文件：第 9 章 \9.2.1 打印为 PDF 文件 .dwg。

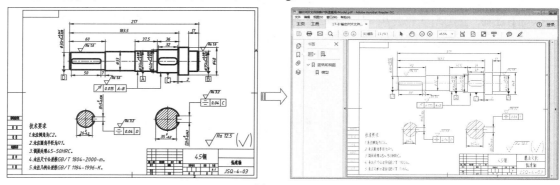

图 9-18

（1）单击快速访问工具栏中的"打开"按钮 ，打开素材文件，如图 9-19 所示。

（2）按快捷键 Ctrl+P，弹出"打印 - 模型"对话框。然后在"打印机 / 绘图仪"选项组的"名称"下拉列表框中选择所需的打印机，本例以"DWG To PDF.pc3"打印机为例，该打印机可以打印出 PDF 格式的图形。

（3）设置图纸尺寸。在"图纸尺寸"下拉列表框中选择"ISO full bleed A3（420.00 × 297.00 毫米）"选项，如图 9-20 所示。

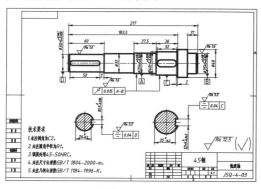

图 9-19

图 9-20

（4）设置打印区域。在"打印范围"下拉列表框中选择"窗口"选项，单击"窗口"按钮，系统自动返回绘图区，然后在其中框选出要打印的区域即可，如图 9-21 所示。

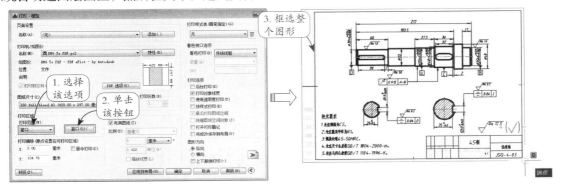

图 9-21

（5）设置打印偏移。返回"打印 - 模型"对话框之后，勾选"打印偏移"选项组中的"居中打印"复选框，如图 9-22 所示。

（6）设置打印比例。取消勾选"打印比例"选项组中的"布满图纸"复选框，然后在"比例"下拉列表框中选择"1:1"选项，如图 9-23 所示。

图 9-22

图 9-23

（7）设置图形方向。本例图框为横向放置，因此在"图形方向"选项组中设置打印方向为"横向"，如图 9-24 所示。

（8）打印预览。所有参数设置完成后，单击"打印 - 模型"对话框左下角的"预览"按钮进行打印预览，效果如图 9-25 所示。

图 9-24

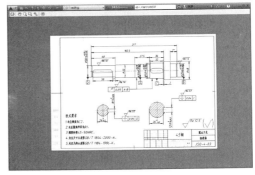

图 9-25

（9）打印图形。图形显示无误后，便可以在预览窗口中右击，在弹出的快捷菜单中选择"打印"选项，即可打印为 PDF 文件，效果如图 9-26 所示。

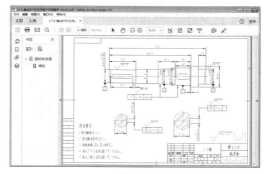

图 9-26

9.2.2　打印的页面设置

页面设置包括打印设备、纸张、打印区域、打印方向等参数的设置。页面设置可以命名保存。可以将保存好的页面设置应用到多个布局图中，也可以将其他图形中保存的页面设置应用到当前图形的布局中，这样就避免了在每次打印前都反复地进行打印设置。

页面设置在"页面设置管理器"对话框中进行。执行"页面设置管理器"命令有以下几种方法。

- 菜单栏：执行"文件"｜"页面设置管理器"命令，如图 9-27 所示。
- 命令行：PAGESETUP。
- 功能区：在"输出"选项卡中，单击"布局"面板中的"页面设置"按钮，如图 9-28 所示。
- 快捷操作：右击绘图区左下角的"模型"或"布局"选项卡，在弹出的快捷菜单中，选择"页面设置管理器"选项。

图 9-27　　　　　　　　图 9-28

执行上述命令后，将打开"页面设置管理器"对话框，如图 9-29 所示，对话框中会显示已存在的所有页面设置。通过右击页面设置，或单击右边的工具按钮，可以对页面设置进行新建、修改等操作。

单击对话框中的"新建"按钮，新建一个空白页面，或选择某页面设置后单击"修改"按钮，都将打开图 9-30 所示的"页面设置 - 模型"对话框。在该对话框中，可以进行打印设备、图样、打印区域、比例等选项的设置。

图 9-29

图 9-30

9.2.3 指定打印设备

"页面设置 - 模型"对话框中的"打印机 / 绘图仪"选项组用于设置出图的打印机或绘图仪。如果打印设备已经与计算机或网络系统正确连接，并且驱动程序也已经正常安装，那么在"名称"下拉列表框中就会显示该打印设备的名称。可以在"名称"下拉列表框中选择需要的打印设备。

AutoCAD 将打印介质和打印设备的相关信息储存在后缀名为 .pc3 的打印配置文件中，这些信息包括绘图仪配置设置指定端口信息、光栅图形和矢量图形的质量、图样尺寸以及取决于绘图仪类型的自定义特性。这样使得打印配置可以用于其他 AutoCAD 文档，能够实现共享，避免反复设置。

单击功能区"输出"选项卡的"打印"面板中的"打印"按钮，系统弹出"打印 - 模型"对话框，如图 9-31 所示。在"打印机 / 绘图仪"选项组的"名称"下拉列表框中选择要设置的名称选项，单击右边的"特性"按钮，系统弹出"绘图仪配置编辑器"对话框，如图 9-32 所示。

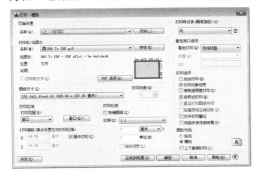

图 9-31

图 9-32

切换到"设备和文档设置"选项卡，选择各个节点，然后进行更改即可。如果更改了某一个设置，所做更改将出现在设置名旁边的尖括号 (< >) 中。修改过其值的节点图标上还会显示一个复选标记。

9.2.4 设定图纸尺寸

在"绘图仪配置编辑器"对话框的"尺寸"下拉列表框中选择打印出图时的纸张类型，可以控制出图比例。

工程制图的图纸有一定的规范尺寸，一般采用英制 A 系列图纸尺寸，包括 A0、A1、A2 等标准型号，以及 A0+、A1+ 等加长图纸型号。图纸加长的规定是：可以将长边延长 1/4 或 1/4 的整数倍，最多可以延长至原尺寸的两倍，短边不可延长。各型号图纸的尺寸如表 9-1 所示。

表 9-1　标准图纸尺寸

图纸型号	长宽尺寸
A0	1189mm×841mm
A1	841mm×594mm
A2	594mm×420mm
A3	420mm×297mm
A4	297mm×210mm

新建图纸尺寸的步骤：首先在打印机配置文件中新建一个或若干个自定义尺寸，然后保存为新的打印机配置"·pc3"文件。这样，以后需要使用自定义尺寸时，只需要在"打印机 / 绘图仪"选项组中选择该配置文件即可。

9.2.5　设置打印区域

在使用布局空间打印时，一般在"打印 - 布局 1"对话框中设置打印范围，如图 9-33 所示。

图 9-33

"打印范围"下拉列表框用于设置图形中需要打印的区域，各选项含义如下。

- 布局：打印当前布局图中的所有内容。该选项是默认选项，选择该选项可以精确地确定打印范围、打印尺寸和比例。
- 窗口：用窗选的方法确定打印区域。选择该选项后，"打印 - 布局 1"对话框暂时消失，系统返回绘图区，在模型窗口中的绘图区拉出一个矩形窗口，该窗口内的区域就是打印范围。选择该选项确定打印范围简单方便，但是不能精确确定比例尺和出图尺寸。
- 范围：打印模型空间中包含所有图形对象的范围。
- 显示：打印模型窗口当前视图状态下显示的所有图形对象，可以通过"ZOOM"命令调整视图状态，从而调整打印范围。

在使用布局空间打印图形时，单击"打印"面板中的"预览"按钮，预览当前的打印效果。图纸有时会出现部分不能被打印的情况，如图 9-34 所示，这是因为图形大小超过了图纸可打印范围。可以通过"绘图仪配置编辑器"对话框中的"修改标准图纸尺寸（可打印区域）"重新设置图纸的可打印区域来解决，图 9-35 所示的虚线表示了图纸的可打印区域。

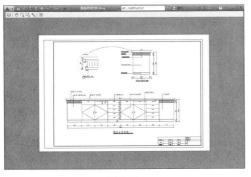
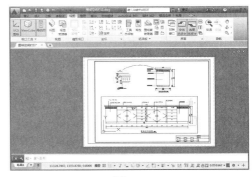

图 9-34   图 9-35

单击"打印"面板中的"绘图仪管理器"按钮，系统弹出"Plotters"文件夹窗口，如图 9-36 所示，双击所设置的打印设备。系统弹出"绘图仪配置编辑器"对话框，在对话框选择"修改标准图纸尺寸（可打印区域）"选项，重新设置图纸的可打印区域，如图 9-37 所示。也可以在"打印"对话框中选择打印设备后，再单击右边的"特性"按钮，打开"绘图仪配置编辑器"对话框。

在"修改标准图纸尺寸"选项组中选择当前使用的图纸类型（即在"打印 - 布局 1"对话框中的"图纸尺寸"下拉列表框中选择的图纸类型），如图 9-38 所示（注意不同打印机有不同的显示）。

图 9-36   图 9-37   图 9-38

单击"修改"按钮，弹出"自定义图纸尺寸 - 可打印区域"对话框，如图 9-39 所示，分别设置上、下、左、右页边距（使打印范围略大于图框即可）。单击"下一步"按钮，然后单击"完成"按钮，返回"绘图仪配置编辑器"对话框，单击"确定"按钮关闭对话框。

修改图纸可打印区域之后，此时布局如图 9-40 所示（虚线内表示可打印区域）。在命令行中输入"LAYER"，执行"图层特性管理器"命令，系统弹出"图层特性管理器"选项板，将视口边框所在图层设置为不可打印，如图 9-41 所示，这样视口边框将不会被打印。

再次预览打印效果，如图 9-42 所示。

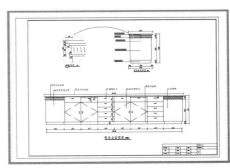

图 9-39   图 9-40

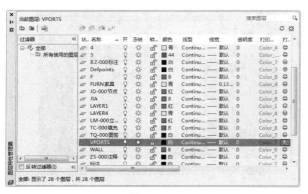

图 9-41

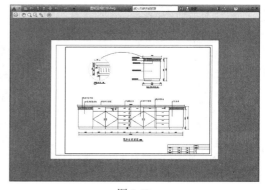

图 9-42

9.2.6 设置打印偏移

"打印 - 布局 1"对话框中的"打印偏移（原点设置在可打印区域）"选项组用于指定打印区域在 X 轴方向和 Y 轴方向的偏移值，一般情况下，都要求出图充满整个图样，所以设置"X"和"Y"均为"0"，如图 9-43 所示。

通常情况下打印的图形和纸张的大小一致，不需要修改设置。勾选"居中打印"复选框，则图形居中打印。这个"居中"是指在所选纸张大小 A1、A2 等尺寸的基础上居中，也就是 4 个方向上各留空白，而不只是横向居中。

图 9-43

9.2.7 设置打印比例

"打印 - 布局 1"对话框中的"打印比例"选项组用于设置出图比例尺。在"比例"下拉列表框中可以精确设置需要出图的比例尺。如果选择"自定义"选项，则可以在下方的文本框中输入与图形单位相等的英寸数来创建自定义比例尺。

如果对出图比例尺和打印尺寸没有要求，可以勾选"布满图纸"复选框，这样打印区域会自动缩放到充满整个图纸。"缩放线宽"复选框用于设置线宽值是否按打印比例缩放，通常要求直接按照线宽值打印，而不按打印比例缩放。

在 AutoCAD 2016 中，有以下两种方法控制打印出图比例。

• 在打印设置或页面设置的"打印比例"选项组中设置比例，如图 9-44 所示。

• 在图纸空间中使用视口控制比例，然后按照 1:1 打印。

图 9-44

9.2.8　指定打印样式表

"打印 - 布局 1"对话框中的"打印样式表"下拉列表框提供所有已存在的打印样式，从而用户可以非常方便地用设置好的打印样式替代图形对象原有属性。

9.2.9　设置打印方向

在"打印 - 布局 1"对话框中的"图形方向"选项组中设置纵向或横向打印，勾选"上下颠倒打印"复选框，可以允许上下颠倒地打印图形。工程制图多数需要使用大幅的卷筒纸打印，在使用卷筒纸打印时，打印方向包括两个方面的问题：第一，阅读图纸时所说的图纸方向是横宽还是竖长；第二，图形与卷筒纸的方向关系是平行于出纸方向还是垂直于出纸方向。

在 AutoCAD 中分别使用图纸尺寸和图形方向来控制最后出图的方向。在"图形方向"选项组中可以看到示意图标A，其方向表示设置图纸尺寸时是横宽还是竖长。

9.2.10　最终打印

在完成上述的所有设置工作后，就可以开始打印出图了。执行"打印"命令有以下几种方法。
- 功能区：在"输出"选项卡中，单击"打印"面板中的"打印"按钮🖨。
- 菜单栏：执行"文件"|"打印"命令。
- 命令行：PLOT。
- 快捷键：Ctrl+P。

在模型空间中，执行"打印"命令后，系统弹出"打印 - 模型"对话框，如图 9-45 所示，该对话框与"打印 - 布局 1"对话框相似，可以在此进行出图前的最后设置。

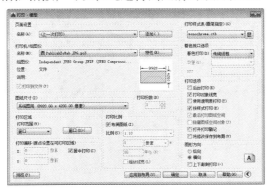

图 9-45

9.3　课堂练习——批量打印图纸

知识要点：如果需要进行大量图纸的批量打印，可以在 AutoCAD 2016 中通过"发布"功能来实现，最终的输出格式可以是电子版文档，如 PDF、DWF，也可以是纸质文件，如图 9-46 所示。

素材文件：第 9 章 \9.3 批量打印图纸 .dwg。

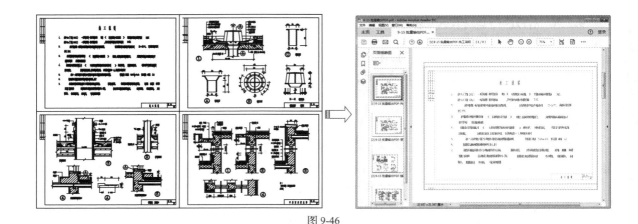

图 9-46

9.4 课后习题——输出高清图片文件

知识要点：DWG 文件可以截图或导出为 JPG、JPEG 等图片格式文件，但这样创建的图片分辨率较低，如果图形比较大，将无法满足后续印刷的要求。因此可以通过打印与输出相配合的方法来进行输出，如图 9-47 所示。

素材文件：第 9 章 \9.4 输出高清图片文件 .dwg。

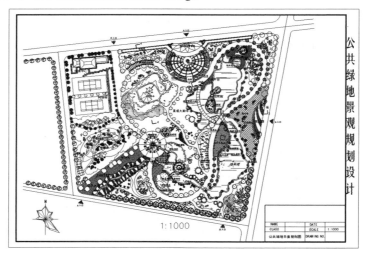

图 9-47

第10章
参数化制图

本章介绍

    图形约束是从 AutoCAD 2010 版本开始新增的一大功能，这个功能大大改变了在 AutoCAD 中绘制图形的思路和方式。图形约束能够使设计更加方便，也是今后设计领域的发展趋势。常用的图形约束有几何约束和标注约束两种，其中几何约束用于控制对象的关系，标注约束用于控制对象的距离、长度、角度和半径值等。

课堂学习目标

• 掌握几何约束和标注约束的创建
• 掌握通过几何约束控制图形
• 掌握通过标注约束控制图形

10.1 几何约束

几何约束用来定义图形元素和确定图形元素之间的关系。几何约束类型包括重合、共线、同心、固定、平行、垂直、水平、竖直、相切、平滑、对称和相等约束等。

10.1.1 课堂案例——通过几何约束修改图形

学习目标： 通过约束方式修改图形至正确形状。

知识要点： 通常情况下，使用 AutoCAD 2016 绘制好的图形还可以被随意修改，但是相关联的部分却不会跟着变动。但如果为图形添加了几何约束，则相当于整个图形的外形都被"框"住了，当选择其中一个部分进行移动的时候，其余部分也会随着移动，仿佛图形是一整个实体，如图 10-1 所示。

素材文件： 第 10 章 \10.1.1 通过几何约束修改图形 .dwg。

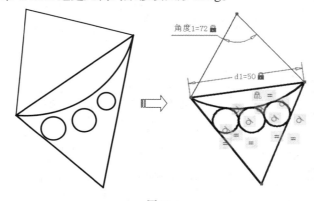

图 10-1

（1）打开素材文件，如图 10-2 所示。

（2）在"参数化"选项卡中，单击"几何"面板中的"自动约束"按钮 🗗，对图形添加重合约束，如图 10-3 所示。

（3）在"参数化"选项卡中，单击"几何"面板中的"固定"按钮 🔒，选择直线上任意一个点，为三角形的一边创建固定约束，如图 10-4 所示。

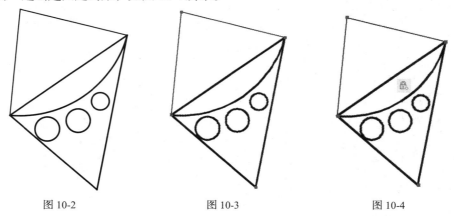

图 10-2   图 10-3   图 10-4

（4）在"参数化"选项卡中，单击"几何"面板中的"相等"按钮，为3个圆创建相等约束，如图 10-5 所示，命令行操作如下。

命令： _GcEqual	// 执行"相等约束"命令
选择第一个对象或 [多个(M)]： M✓	// 选择"多个"选项
选择第一个对象：	// 选择左侧圆为第一个对象
选择对象以使其与第一个对象相等：	// 选择第二个圆
选择对象以使其与第一个对象相等：	// 选择第三个圆，并按 Enter 键结束操作

（5）按空格键重复执行命令，为三角形的边创建相等约束，如图 10-6 所示。

（6）在"参数化"选项卡中，单击"几何"面板中的"相切"按钮，选择有相切关系的圆、直线边和圆弧，为其创建相切约束，如图 10-7 所示。

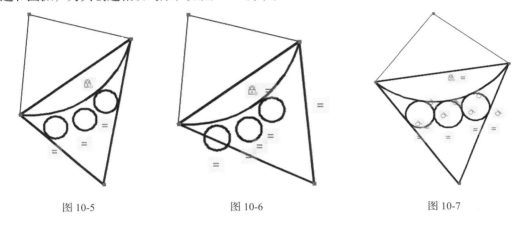

图 10-5　　　　　　图 10-6　　　　　　图 10-7

（7）在"参数化"选项卡中，依次单击"标注"面板中的"对齐"按钮和"角度"按钮，为三角形的边创建对齐约束、为圆弧圆心辅助线创建角度约束，结果如图 10-8 所示。

（8）在"参数化"选项卡中，单击"管理"面板中的"参数管理器"按钮，在弹出的"参数管理器"选项板中修改标注约束参数，效果如图 10-9 所示。

（9）关闭"参数管理器"选项板，此时可以看到绘图区中图形也发生了相应的变化，完善几何图形，效果如图 10-10 所示。

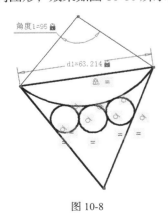

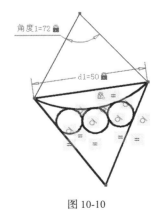

图 10-8　　　　　　图 10-9　　　　　　图 10-10

10.1.2　重合约束

重合约束用于强制使两个点或一个点和一条直线重合。执行"重合"命令有以下几种方法。

- 功能区：单击"参数化"选项卡中"几何"面板上的"重合"按钮 ⎓。
- 菜单栏：执行"参数"|"几何约束"|"重合"命令。

执行"重合"命令后，根据命令行的提示，选择不同的两个图形对象上的第一个点和第二个点，将第二个点与第一个点重合，如图 10-11 所示。

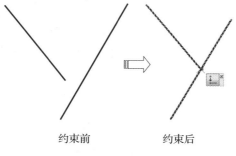

约束前　　　　　约束后

图 10-11

10.1.3　共线约束

共线约束用于约束两条直线，使其位于同一条直线上。执行"共线"命令有以下几种方法。

- 功能区：单击"参数化"选项卡中"几何"面板上的"共线"按钮 ⤢。
- 菜单栏：执行"参数"|"几何约束"|"共线"命令。

执行"共线"命令后，根据命令行的提示，选择第一个和第二个图形对象，将第二个图形对象与第一个图形对象共线，如图 10-12 所示。

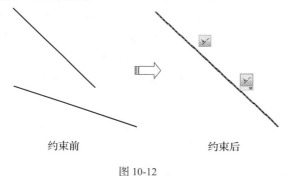

约束前　　　　　约束后

图 10-12

10.1.4　同心约束

同心约束用于约束选定的圆、圆弧或者椭圆，使其具有相同的圆心点。执行"同心"命令有以下几种方法。

- 功能区：单击"参数化"选项卡中"几何"面板上的"同心"按钮 ◎。
- 菜单栏：执行"参数"|"几何约束"|"同心"命令。

执行"同心"命令后，根据命令行的提示，分别选择第一个圆弧或圆对象和第二个圆弧或圆对象，第二个圆弧或圆对象将会进行移动，直到与第一个图形对象具有同一个圆心，如图 10-13 所示。

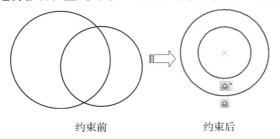

约束前   约束后

图 10-13

10.1.5 固定约束

固定约束用于约束一个点或一条曲线，使其固定在相对于世界坐标系（WCS）的特定位置和方向上。执行"固定"命令有以下几种方法。

- 功能区：单击"参数化"选项卡中"几何"面板上的"固定"按钮 🔒。
- 菜单栏：执行"参数"|"几何约束"|"固定"命令。

执行"固定"命令后，根据命令行的提示，选择图形对象上的点。对图形对象上的点应用固定约束，系统会将节点锁定，但仍然可以移动该对象，如图 10-14 所示。

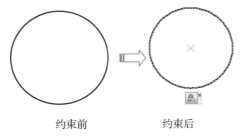

约束前   约束后

图 10-14

10.1.6 平行约束

平行约束用于约束两条直线，使其保持相互平行。执行"平行"命令有以下几种方法。

- 功能区：单击"参数化"选项卡中"几何"面板上的"平行"按钮 ∥。
- 菜单栏：执行"参数"|"几何约束"|"平行"命令。

执行"平行"命令后，根据命令行的提示，依次选择要进行平行约束的两个图形对象，第二个图形对象将被约束为与第一个图形对象平行，如图 10-15 所示。

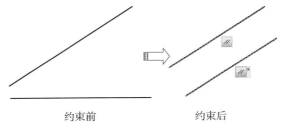

约束前   约束后

图 10-15

10.1.7　垂直约束

垂直约束用于约束两条直线，使其夹角始终保持90°。执行"垂直"命令有以下几种方法。

- 功能区：单击"参数化"选项卡中"几何"面板上的"垂直"按钮 ✕ 。
- 菜单栏：执行"参数"|"几何约束"|"垂直"命令。

执行"垂直"命令后，根据命令行的提示，依次选择要进行垂直约束的两个图形对象，第二个图形对象将被约束为与第一个图形对象垂直，如图10-16所示。

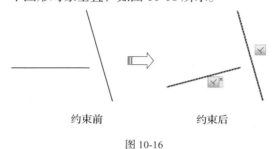

约束前　　　　　　约束后

图 10-16

10.1.8　水平约束

水平约束用于约束一条直线或一对点，使其与当前用户坐标系（UCS）的 X 轴保持平行。执行"水平"命令有以下几种方法。

- 功能区：单击"参数化"选项卡中"几何"面板上的"水平"按钮 ☰ 。
- 菜单栏：执行"参数"|"几何约束"|"水平"命令。

执行"水平"命令后，根据命令行的提示，选择要进行水平约束的直线，直线将会自动水平放置，如图10-17所示。

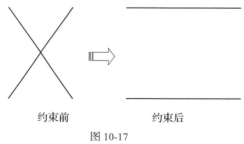

约束前　　　　　　约束后

图 10-17

10.1.9　竖直约束

竖直约束用于约束一条直线或者一对点，使其与当前用户坐标系（UCS）的 Y 轴保持平行。执行"竖直"命令有以下几种方法。

- 功能区：单击"参数化"选项卡中"几何"面板上的"竖直"按钮 ⫴ 。
- 菜单栏：执行"参数"|"几何约束"|"竖直"命令。

执行"竖直"命令后，根据命令行的提示，选择要置为竖直的直线，直线将会自动竖直放置，如图 10-18 所示。

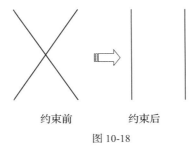

约束前　　　　约束后

图 10-18

10.1.10 相切约束

相切约束用于约束两条曲线，或是一条直线和一段曲线（圆、圆弧等），使其彼此相切或其延长线彼此相切。执行"相切"命令有以下几种方法。

- 功能区：单击"参数化"选项卡中"几何"面板上的"相切"按钮。
- 菜单栏：执行"参数"|"几何约束"|"相切"命令。

执行"相切"命令后，根据命令行的提示，依次选择要相切的两个图形对象，使第二个图形对象与第一个图形对象相切于一点，如图 10-19 所示。

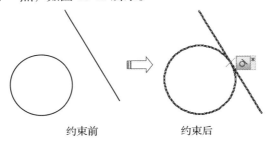

约束前　　　　约束后

图 10-19

10.1.11 平滑约束

平滑约束用于约束一条样条曲线，使其与其他样条曲线、直线、圆弧或多段线彼此相连并保持平滑连续。执行"平滑"命令有以下几种方法。

- 功能区：单击"参数化"选项卡中的"几何"面板上的"平滑"按钮。
- 菜单栏：执行"参数"|"几何约束"|"平滑"命令。

执行"平滑"命令后，根据命令行的提示，先选择第一个曲线对象，然后选择第二个曲线对象，两个曲线对象将转换为相互连续的曲线，如图 10-20 所示。

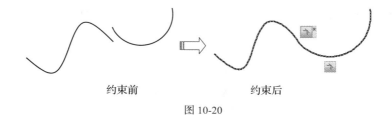

约束前   约束后

图 10-20

10.1.12　对称约束

对称约束用于约束两条曲线或者两个点，使其以选定直线为对称轴彼此对称。执行"对称"命令有以下几种方法。

- 功能区：单击"参数化"选项卡中"几何"面板上的"对称"按钮[]]。
- 菜单栏：执行"参数"|"几何约束"|"对称"命令。

执行"对称"命令后，根据命令行的提示，依次选择第一个图形对象和第二个图形对象，然后选择对称直线，即可将选定图形对象以选定直线为轴进行对称约束，如图 10-21 所示。

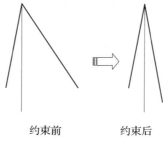

约束前   约束后

图 10-21

10.1.13　相等约束

相等约束用于约束两条直线或多段线，使其具有相同的长度；或约束圆弧和圆，使其具有相同的半径值。执行"相等"命令有以下几种方法。

- 菜单栏：执行"参数"|"几何约束"|"相等"命令。
- 功能区：单击"参数化"选项卡中"几何"面板上的"相等"按钮[=]。

执行"相等"命令后，根据命令行的提示，依次选择第一个图形对象和第二个图形对象，第二个图形对象即可与第一个图形对象相等，如图 10-22 所示。

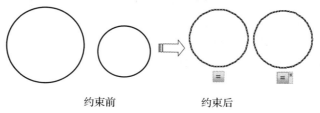

约束前   约束后

图 10-22

在某些情况下，应用约束时选择两个图形对象的顺序非常重要。通常所选的第二个图形对象会根据第一个图形对象来进行调整，如应用相等约束时，选择的第二个图形对象将调整为和第一个图形对象相等。

10.2 标注约束

标注约束用于控制二维对象的大小、角度，以及两点之间的距离，改变标注约束将驱动对象发生相应的变化。标注约束类型包括水平、竖直、对齐、半径、直径和角度约束等。

10.2.1 课堂案例——创建参数化螺钉图形

学习目标： 为图形添加标注约束，然后通过"参数管理器"选项板关联这些约束，从而将整个图形参数化。

知识要点： 通过常规方法绘制好的图形在进行修改的时候，只能操作一步、修改一步，不能达到"一改俱改"的目的，这种工作效率是非常低下的。因此可以考虑将大部分图形进行参数化，使得各个尺寸互相关联，如图 10-23 所示，这样就可以做到"一改俱改"。

素材文件： 第 10 章 \10.2.1 创建参数化螺钉图形 .dwg。

（1）打开素材文件，其中已经绘制好了一张螺钉示意图，如图 10-24 所示。

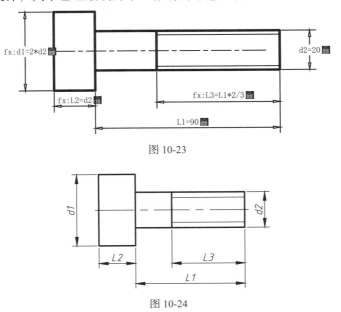

图 10-23

图 10-24

（2）该图形是使用常规方法创建的，对图形中的尺寸进行编辑修改时，不会对整体图形产生影响。如调整 d2 部分的尺寸大小时，即使出现了 d2 > d1 这种不合理的情况，d1 也不会发生改变。而对该图形进行参数化后，就可以避免这种情况。

（3）删除素材图中的所有尺寸标注。

（4）在"参数化"选项卡中，单击"几何"面板中的"自动约束"按钮，框选整个图形并按 Enter 键确认，即可为整个图形快速添加约束，效果如图 10-25 所示。

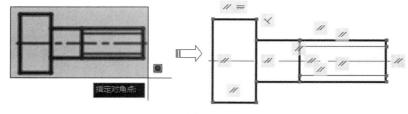

图 10-25

（5）在"参数化"选项卡中，单击"标注"面板中的"线性"按钮，根据图 10-26 所示的尺寸，依次添加标注约束，并修改其参数名称。

（6）在"参数化"选项卡中，单击"管理"面板中的"参数管理器"按钮 f_x，打开"参数管理器"选项板，在"L3"栏中输入表达式"L1*2/3"，在"d1"栏中输入"2*d2"，在"L2"栏中输入"d2"，如图 10-27 所示。

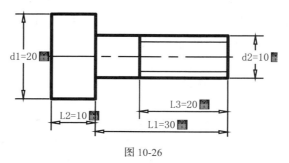

图 10-26

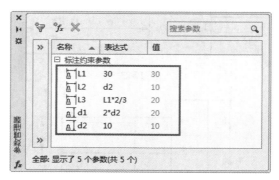

图 10-27

（7）上面添加的表达式表示 L3 的尺寸始终为 L1 的 2/3，d1 的尺寸始终为 d2 的两倍，同时 L2 的长度数值与 d2 数值相等。

（8）单击"参数管理器"选项板左上角的"关闭"按钮，退出"参数管理器"选项板，此时可见图形的尺寸变成了 fx 开头的参数尺寸，如图 10-28 所示。

（9）此时可以双击 L1 或 d2 处的标准约束，然后输入新的数值，如 d2=20、L1=90，则可以快速得到新图形，如图 10-29 所示。

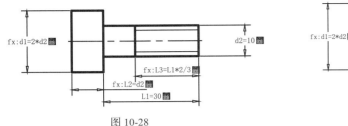

图 10-28

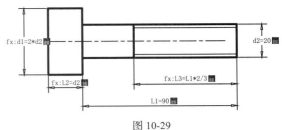

图 10-29

（10）由上可以看到只需输入不同的数值，就可以得到全新的正确图形，这无疑大大提高了绘图效率，对于标准化图纸来说尤其有用。

10.2.2 水平约束

水平约束用于约束两点之间的水平距离。执行"水平"命令有以下几种方法。

• 功能区：单击"参数化"选项卡中"标注"面板上的"水平"按钮 。
• 菜单栏：执行"参数"|"标注约束"|"水平"命令。

执行"水平"命令后，根据命令行的提示，分别指定第一个约束点和第二个约束点，然后修改尺寸值，即可完成水平约束，如图 10-30 所示。

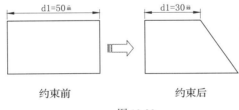

约束前   约束后

图 10-30

10.2.3 竖直约束

竖直约束用于约束两点之间的竖直距离。执行"竖直"命令有以下几种方法。

• 功能区：单击"参数化"选项卡中"标注"面板上的"竖直"按钮 。
• 菜单栏：执行"参数"|"标注约束"|"竖直"命令。

执行"竖直"命令后，根据命令行的提示，分别指定第一个约束点和第二个约束点，然后修改尺寸值，即可完成竖直约束，如图 10-31 所示。

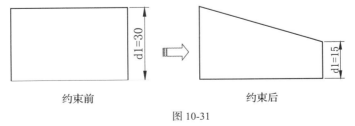

约束前   约束后

图 10-31

10.2.4 对齐约束

对齐约束用于约束两点之间的距离。执行"对齐"命令有以下几种方法。

- 功能区：单击"参数化"选项卡中"标注"面板上的"对齐"按钮。
- 菜单栏：执行"参数"|"标注约束"|"对齐"命令。

执行"对齐"命令后，根据命令行的提示，分别指定第一个约束点和第二个约束点，然后修改尺寸值，即可完成对齐约束，如图 10-32 所示。

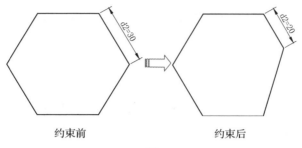

约束前　　　　　　　　约束后

图 10-32

10.2.5 半径约束

半径约束用于约束圆或圆弧的半径。执行"半径"命令有以下几种方法。

- 功能区：单击"参数化"选项卡中"标注"面板上的"半径"按钮。
- 菜单栏：执行"参数"|"标注约束"|"半径"命令。

执行"半径"命令后，根据命令行的提示，先选择圆或圆弧，再确定尺寸线的位置，然后修改半径值，即可完成半径约束，如图 10-33 所示。

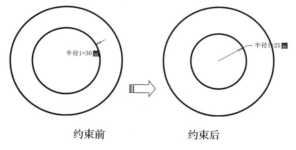

约束前　　　　　　　　约束后

图 10-33

10.2.6 直径约束

直径约束用于约束圆或圆弧的直径。执行"直径"命令有以下几种方法。

- 功能区：单击"参数化"选项卡中"标注"面板上的"直径"按钮。
- 菜单栏：执行"参数"|"标注约束"|"直径"命令。

执行"直径"命令后，根据命令行的提示，首先选择圆或圆弧，接着指定尺寸线的位置，然后修改直径值，即可完成直径约束，如图 10-34所示。

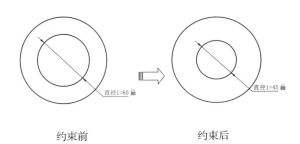

约束前   约束后

图 10-34

10.2.7　角度约束

角度约束用于约束直线之间的角度或圆弧的圆心角。执行"角度"命令有以下几种方法。

- 功能区：单击"参数化"选项卡中"标注"面板上的"角度"按钮⚟。
- 菜单栏：执行"参数"｜"标注约束"｜"角度"命令。

执行"角度"约束命令后，根据命令行的提示，先指定第一条直线和第二条直线，然后指定尺寸线的位置，最后修改角度值，即可完成角度约束，如图 10-35 所示。

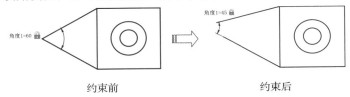

约束前   约束后

图 10-35

10.3　课堂练习——通过标注约束修改机械图形

知识要点：为图形添加标注约束，将不规范的图形改为正确图形，如图 10-36 所示。

素材文件：第 10 章 \10.3 通过标注约束修改机械图形 .dwg。

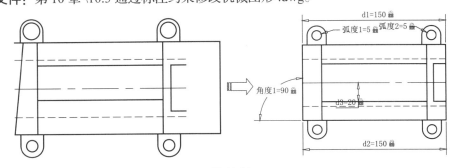

图 10-36

10.4 课后习题——创建全参数轴架

知识要点：为轴架添加标注约束，通过"参数管理器"选项板关联这些约束，即可将整个图形参数化，如图 10-37 所示。

素材文件：第 10 章 \10.4 创建全参数轴架 .dwg。

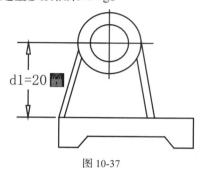

图 10-37